Reisen
In
Die
Welt
Des
Wohns

我们内心
的疯狂

精神病学教授的
4个心理故事

[德]阿希姆·豪格

袁黎——译

——著

台海出版社

北京市版权局著作合同登记号：图字01-2023-4598

**图书在版编目（ＣＩＰ）数据**

我们内心的疯狂 /（德）阿希姆·豪格著；袁黎译
. -- 北京：台海出版社，2023.11
ISBN 978-7-5168-3665-1

Ⅰ.①我… Ⅱ.①阿… ②袁… Ⅲ.①心理学－通俗
读物 Ⅳ.① B84-49

中国国家版本馆 CIP 数据核字（2023）第 188640 号

**我们内心的疯狂**

| | | | |
|---|---|---|---|
| 著　者： | 〔德〕阿希姆·豪格 | 译　者：袁 黎 | |
| 出 版 人：蔡 旭 | | 责任编辑：俞滟荣 | |

出版发行：台海出版社
地　　址：北京市东城区景山东街20号　　邮政编码：100009
电　　话：010-64041652（发行，邮购）
传　　真：010-84045799（总编室）
网　　址：www.taimeng.org.cn/thcbs/default.htm
E－mail：thcbs@126.com

经　　销：全国各地新华书店
印　　刷：天津明都商贸有限公司
本书如有破损、缺页、装订错误，请与本社联系调换

开　本：880毫米×1230毫米　　1/32
字　数：172千字　　　　　　　印　张：8
版　次：2023年11月第1版　　印　次：2023年11月第1次印刷
书　号：ISBN 978-7-5168-3665-1

定　价：55.00元

# 目录 Contents

第一个故事

塔玛拉·格伦费尔德的悲伤故事

## 第二个故事

## 气候远足者的故事

## 第三个故事

## 爱上恶魔女儿的男人

## 第四个故事

## 丈夫被替换的女人

第一个故事

THE FIRST STORY

## 塔玛拉·格伦费尔德的悲伤故事

## 和我们有关的故事

塔玛拉·格伦费尔德（Tamara Grünfeld）的故事与数万亿的微型人有关，他们居住在奇异的地方，那里可以闻到街头工厂的气味，可以看到在偷窃皇后衣服的小动物。这个故事激动人心，让人觉得非常离奇，有时还很幽默，但又带着些忧郁。故事的主角是我的病人塔玛拉·格伦费尔德，一个开朗的俄罗斯姑娘，尽管她曾经坚信的评判这个世界的价值体系已经开始崩塌，世界观也摇摇欲坠，但是她仍保持坚定，勇敢地对抗这种失落。这个故事也在探讨，什么是真实的，什么又是我们认为真实的，因此，它和我们每一个人息息相关。如果有一两个读者在读完这本书时，也有这种虚无缥缈的感受，我会感到很欣慰，因为这种感觉能帮助我们更好地理解妄想症和妄想症病人。

这是一个真实的故事。为了掩盖塔玛拉的个人信息，我只做了些许改动，即便这对她来说没什么大不了。听到这个，她可能只会微笑着看着我，调皮地表示，这只是故事的一部分，是她告诉我的那一部分。我们也只了解对方故事里的一小部分，而我在这里也只能分享这些内容中的一部分。当我说我想更多地了解她的经历时，你们无法看到她露出的微笑；也无法看到她因担心发胖而长出的皱纹；闻不到她心情愉悦时喷的香水；看不到她讲话时做出的许多小手势和丰富的面部表情；看不到她夏天穿着印有大白花图案的蓝色百褶裙，和冬天里的棕色粗毛针织毛衣……你们没办法完全地了解她，但她的面容时常浮现在我眼前，我时常会想，我是不是还可以更好地帮助她。但我对她的了解也不多，有可能只捕捉到了一小部分。

这是一个真实的故事，也是一段不幸的往事。

# 体内之人的声音

秋天的时候，我的病人塔玛拉·格伦费尔德被送进了精神病诊所。那是一个阳光明媚的秋日，路边的花草树木五彩缤纷，塔玛拉却无法享受——她的体内有人说话，而且这些人的声音变得愈加嘈杂，以至于不管她做什么事，都逃不开这些人的评判，使得她再也没有"自我"的生活。这件事也证明了，"声音"这个词背后所隐藏的东西远不止是幻觉那么简单，还有些更奇怪的东西，而这些东西也许比童话故事更加离奇。

自从塔玛拉从俄罗斯来到"黄金西部"（德国在俄罗斯的西边），这种情况就开始了。症状慢慢出现，令人恼火。奇怪的声音在她耳边响起，但房间里并没有其他人。塔玛拉不记得第一次出现这种情况是什么时候，这不是个耸人听闻的自然事件，也不会瞬间改变她的生活，这个声音只是幻觉而已，它很清晰，很快就会消失，只留下历经这离奇事件后的烦躁——就连烦躁也会随着日常生活的琐碎而散去。

然后，它又来了。这次不只是一个人的声音，而是好几个人的声音，他们互相交谈，塔玛拉甚至能听懂这些声音在说什么。起初，它有点模糊，但当她稍微集中注意力，声音就会变得非常清晰——这些声音是在谈论她。他们对塔玛拉的所作所为进行评论，并发出轻蔑的笑声。当她弯下腰时，一个高亢的女声说："看看那个胖老太太，她连楼都爬不上去。"

这并不好笑，塔玛拉想。她希望能继续把这一切当作自己的幻想，但这是不可能的，因为这些声音无比清晰。这不是她脑海里想的东西，也不是她自己的想法，而是她用耳朵听到的声音。

想象一下，有这样一个人，他在你身后紧紧跟着你，你走到哪里，他就跟到哪里，你不用转身就知道他在你身旁。他还会在你耳边说话——想象一下，这个人会谈论你正在做的事。比如，现在他就在说："你为什么不能再集中一点注意力呢？这本书很有趣，读快一点！"

你可能会快速转过身说："废话少说，快滚！"但由于某种原因，你无法转身。无论你做什么，声音一直都在。这相当令人恼火，不是吗？但这远远没有结束。

塔玛拉很快就意识到，她的身体出现了特殊的问题。没有人在，她却能听到声音，有男人和女人，也有老人和小孩，有时甚至还有婴儿的啼哭声，他们都说着德语。这些人对塔玛拉的辱骂越来越严重，并且没有留下任何痕迹。而且他们似乎知道塔玛拉要做什么，当她要读一本书时，一个声音会说："哦，你为什么不打开收音机？"

而当她打开收音机时，一个暴躁的男声说："广播，广播，总是广播。音乐只会让人烦躁，关了它，关了它！"

大多数情况下，这些声音听起来像跟塔玛拉很熟的人，但偶尔也有一些戏耍、幼稚的语气。

"哈，哈，嗨，嗨，那是我们的小塔玛拉，塔米莱因，塔木什卡，嗨，嗨，哈，哈。"

最开始，这种声音只是让人烦躁，但与接下来发生的事情相比，就并没有那么糟糕了。她逐渐开始习惯了这些声音，这些声音也不再如当初那么令人费解，她开始怀疑这一切可能是有联系的。但重要的是，这些声音最初每次只存在几分钟，每天加起来差不多有一个小时，通常在晚上出现，在塔玛拉工作的时候则会比较安静。

后来有一次，工厂的同事问她是否一切安好，塔玛拉表现得心不在焉，只是说她很担心她的叔叔，已经有一段时间没有听到叔叔的消息了，也联系不上他。这位同事没有完全相信，但也没有再问，甚至后来再也没有问过此事，塔玛拉就变得越来越不专心，工作时犯的错误也越来越多，生病也开始频繁起来。这些声音出现的频率更高了，她几乎不能得到安静，这些声音一直让她分心，只有睡着了她才能安静一会儿，但入睡也变得越来越困难，那些话她无法选择不听，其中大部分还都是侮辱她的话，但也有一些奉承和让她吃惊的话，总之就是喋喋不休。然而，她的怀疑成真了，这一切可能是有关联的。这些声音说："我们不能没有你。"

"在某些时候，我很清楚这些声音是从哪里来的，"她来看我的门诊时对我说，"它们在我的身体里！"

我无法理解。

"为什么在你的身体里？你向我解释一下，在你耳朵里的那些声音，是不是就像我现在对你说话的声音？"

"是的，没错，但我能听到的是住在我身体里的人，他们在谈论我。"

"什么人？"我问。

她像要准备讲一个漫长而复杂的故事一样，身体向后靠了靠，努力放轻松，然后向我讲了她的故事。

## 什么是真实？

塔玛拉听到的这些声音，是完全真实的。这些声音没有那么简单，不是她内心意愿太强烈而产生的想法，而是从她之外传来的——她用耳朵听到了。这不是幻觉，而是她真实听到的东西。这些声音和她的其他经历一样，都是真实存在的。

但是我们从哪里得来的自信，确信我们经历的有些事情是真实的，有些事情不是真实的呢？这种现实感的来源是什么呢？我们怎么能够确定什么是真实存在的，又怎能如此肯定地将这种现实与童话或梦境区分开来呢？对我们来说，至少有一点是共通的，即这种区别是自然而然、毫无疑问的。甚至对我们来说，要给这两者画出一个清晰的分界线，是一件很奇怪的事，是个奇怪的哲学问题，但先让我们暂时跳过这一点，跳过这个疑问。

自人类存在以来，现实是什么？如何才能判定现实？这些问题就一直伴随着人类，我们也会时不时地经历这种无法判断现实的状态。比如说梦醒后，我们有时不能分清醒来后看到的东西是否也属于梦境，或者反过来说，我们不能判断，刚刚在梦中的经历是不是现实。这一点对于史前时代的人们来说非常重要，即区分什么是真实的东西，什么是不属于他们世界的东西。因为他们生活的环境中潜伏着太多的危险，不确定可能是致命的。比如说，眼前出现的狮子，是他们在做梦还是现实？这是一个很重要的问题，需要加以区别。

真实的事件和非真实的梦境、愿望、想象甚至妄想之间的区别是至关重要的，即使在今天这样完全不同的环境及需求下，仍然是必不可少的。其中，感知扮演着重要的角色，但是我们不能完全依赖它。不过某些与感知相关的经验，即在经历中获得的正确感知，则是意义非凡的。历史的发展和教育等方式，帮助我们准确区分现实和非现实。最后，正如我上文所说，人类在观察世界时产生的共识，能够为这种判定区分提供决定性的帮助。**我们生活在人群之中，受集体思想的影响，但我们将看到，在这种共识的边缘，还存在着难以判断的模糊地带。**让我们先来看看，这些感知的背后隐藏着什么。

## 感知和信念

现实是如何产生的？我们又是如何感受到现实问题的？一个可能的答案是：通过学习，我们学会了辨别什么是真实的，什么是不真实的。我们的父母或者其他人给我们讲童话故事，后来又向我们解释，那只是童话。这意味着它是不真实的。

另一个重要的部分就是感觉器官，我们主要通过它们来感知世界，然后我们的感知就会辨别自己学过的东西。例如：我们的父母告诉我们，精灵在现实生活中不存在，在那之后，我们确实从未见过他们，这就证实了父母所说的。

除此之外，可能还有一些对世界的基本看法，这些看法随着人类历史的发展而出现，并已扎根在我们的基因中。这些感受世界的方式是人类在几千年的进化过程中，以同样的方式一次又一次重复得到的经验，这些经验是一个族群内的所有人，有时甚至是整个人类的共同经验。举个例子，白天之后总是夜晚，夜晚结束后白天又会来临。或者说，太阳总是从一边升起，又在另一边落下。另一个例子，太阳总是从上面往下照耀，从来不会从下面往上照亮地球上的事物。这类现象都不是理所当然的，而是自从有了人类，它就一直是这样的，是这种"肯定性"对我们的感知心理产生了主要影响。

在下面的图片中，我们可以看到一些圆形组成的图案，它们看起来像是三维的，中间的四个圆圈似乎从朝向我们的画面中凸出来，四周的圆圈则陷入书中。我们看着这些圆圈，它们中的一些看起来像山谷，而另一些则像山丘，这是为什么呢？答案和我们的视觉习惯有关，而这些习惯早在数千年前就已经形成。

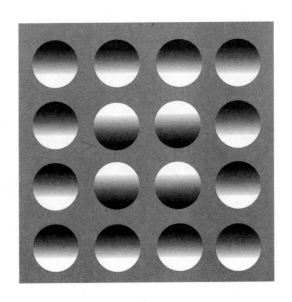

想象一下，阳光灿烂的时候，你站在一个山洞前，正往山洞里面看，阳光照亮了地面和洞口的连接处，而洞口的上方却是黑暗的。因为阳光总是从上面照下来，所以每当我们看一个洞口时，我们会看到它的底部比顶部更亮。洞口只是我们所见的圆形物体中的个别例子。如果圆形底部较浅，顶部较深，在我们看来它们是往下延伸的，看起来像是凹陷了。反之亦然，当圆形顶部是亮的，底部则是暗的，看起来则像是凸出了。想象一下，你在山中漫步，看到一块巨大的石头从你面前的岩壁上突出来，它的顶部是亮的、底部是暗的，因为阳光总是从上面照下的。顶部明亮但底部较暗的物体看起来就像是向我们凸出了一样，那我们可能就不会认为，这个物体是一个洞口，而是觉得这个结构朝着我们的方向凸出来了。我们的视觉习惯，决定了我们的知觉。如果你不太愿意相信我，就把书倒过来，再看看那张有很多圆圈的图片吧。

　　嗯，现在你相信了吧。山谷突然变成了山丘，山丘突然变成了山谷。这可不是魔术，它与我们反复体验的视觉感知有关。毕竟，我们和我们所有的祖先都是这样习得的：上方明亮的是山，下部明亮的是谷。我们很确定，这就是现实，但是，我们对其相对性没有任何了解。如果我们最后再看一下这个图形，就会意识到，这种视觉习惯，以及坚信不疑的世界观早已在我们身体里扎根。现在，你知道了我们对空间的印象来自哪里，那么去印证感官印象就不应该那么困难了。所以，试着把内部的圆圈看成是凹陷的，外部的看成是山丘。虽然你知道，只需把照片反过来就可以做到这一点。但你要是不那样做，不借助旋转这个动作，就很难成功地扭转感官印象。

对于这种练习，还有一个很好的例子。很多人应该都听说过"知觉选择性①图片"。当人们第一次看到这张图像时，就被它迷住了。如果只关注到了黑色背景下的白色部分，就会看见一个花瓶。

你会惊喜地意识到，你可以汇聚目光，看到白色背景下的黑色人物，然后你会突然看到两张面孔在互相对视。一旦你经历了

---

① 人们在知觉客观事物时，总会有选择性地把某一事物作为知觉对象，而把其他事物作为知觉的背景。这就是知觉选择性。

这个过程，知道了这个效果，当你再看时，画面就会一再变换，在人脸和花瓶之间来回变换。有时你看到一个画面，有时则看到另一个画面。先让这个画面来回切换几次，不过我们的练习并不包括这个"惊喜"，对于已经看过这个图片很多遍的人来说，这可能也没什么惊喜的，但图片中还有一个隐藏惊喜：你现在知道这张图片中有人脸和花瓶，试着只看其中一个——只看花瓶，只看花瓶，只看花瓶！没有成功？这并不奇怪，因为人脸和花瓶已经是扎根在你感知中的经验了，它储存在了你的大脑里，而经验一旦存在，就不能被轻易抹去。

令人惊讶的是，被提供的刺激源（也就是图像），并没有改变，变化的只是观者的知觉。一旦人们知悉了这两种可能，就无需主动切换，不必向特定的方向看，也不必集中注意力在特定的方面，一切都是自然而然的。这种现象是基于一种状态，感知心理学家和心理学家称之为"多稳态知觉"。还有很多的例子，这里就有两个：第一个是一幅著名的画，引自哲学家路德维希·维特根斯坦（Ludwig Wittgenstein）关于心理学哲学的评论，他从这个图形中得出了关于我们思维和说话方式的有趣思考。

如果你从左向右看下面的图片（我们通常的视线移动方向），你会看到一只兔子，左边是长长的耳朵，右边是它的脸。但如果你从右往左看，你会看到鸭子，左边是扁长的嘴，右边是鸭头。你也可以重复这个动作，然后尝试只看到鸭子或只看到兔子，这是很难做到的。

维特根斯坦的评论是："如果有人知道兔子，但不知道鸭子，会说，'我可以把这幅画看成兔子，也可以看成是其他样子，虽然我无法描述出第二种样子'，这种情况是否可能？"然而，这是不可能的，你只能看到你知道的和可以看出来的东西。

最后是一幅知觉选择性图片：画家桑德罗·德·皮特的《海豚的爱》。乍一看，两种解释不会同时出现。

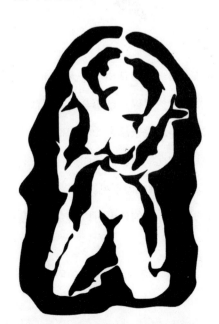

你可能会很容易辨认出，画的是跪在地上的恋人，男人在女人的后面。但较难辨认的是，这幅画也可以是池塘里的海豚，我们可以通过俯瞰水面来找出这个画面。

尽管大多数人第一眼就认出了恋人，而难以认出海豚，但现在我们看第一张图片的时候，就不会总是只能看到恋人了，有时候也会看到海豚不停地跳来跳去。我们得知了它们的存在，所以它们会出现在我们的视线里。人们知道什么，就能看见什么。但人们所知道的东西，很难视而不见。

当然，新的经验、新的认识可以改变我们从前的世界观。但要实现这一目标，必然要发生一些事情。一位曾对此类观点和问题做过研究的同事告诉我："在一份报纸能够改变人们的观点之前，他们已经订阅了一份更适合自己观点的新报纸。"

旧的观点要被新的观点所取代，必须具备某些条件：偏离我们所习得的感知，必然是反复出现的，并且在情感上具有重要意义。而且，它们必须符合我们从前的一般思维体系，因为我们不能容忍不一致的情况——我们确切地想知道精灵和巨魔是否真的存在。这种思想体系又在很大程度上取决于我们所处的集体，我们和与我们生活在一起的人有相同的想法和价值观，这对我们衡量事物的意义起到了很大的作用。因此，我们的观点也受制于社会环境的相对性。在我们的文化中，几乎所有人都清楚，精灵和巨魔是不存在的。

在这种判断上，我们并不总是很有把握。当我们还是孩子的时候，有时生活在童话世界里，在那里会有圣诞老人，也可能会有地精和仙女。但后来，老师教会了我们什么是童话，文学作品中的虚构和现实是如何创造出来的。更重要的是，在日常生活中，我们开始体验真正存在的东西，发现自己从未遇到过那些别人声称不存在的东西，生活经验也巩固了我们所学到的东西，并形成了我们对现实的判断。随着时间的推移，这一点变得越来越确定。当圣诞节来临，我们会站在自己孩子的身边，当大学生服务中心（德国负责招聘学生打零工的学生服务机构）的圣诞老人把礼物递给他们时，我们内心在微笑。因为我们清楚：穿着服装的学生是存在的（毕竟我们给他付了钱），但圣诞老人并不存在。对此，孩子们的想法却不同，这让我们莫名地感到高兴。当然，他们很快就会知道什么是真正存在的，什么是不存在的。而事实上，他们确实学到了，而且有一天他们也会和我们一样非常肯定，圣诞老人并不存在。

因此，我们所接受的真实，实际上产生于漫长的生物进化，以及我们对真实生活的体验和了解。它已被反复出现的感知所巩固，与我们所相信的其他信念相吻合，并在某种程度上与那些和我们一起生活的人的想法一致。

我们不应该认为自己迄今所经历的事情，我们的个人生活，只是一系列或多或少的重要事件的串联。相反，我们的"自传"是我们的变化史，它与我们当前的生活状况，与我们所有的感觉、思想和观点密不可分，而不仅仅是与我们的"外传"（个别事件）有关。这种个人的变化史，我们所学到的、所经历的以及发生在我们身上的事情，所有这些都塑造了我们对世界的判断。道德判断，同时也是对现实的基本判断，是由我们的经验所决定的。因为，不仅道德判断是基于评判的过程，就连我们对现实的判断也是取决于我们独特的解释和评判。

## 喝卷心菜汤的生活

1953年，塔玛拉·格伦费尔德出生于乌克兰东部的顿涅茨克，并在此地长大。一想到她，我就会想起俄罗斯村庄的生活。我仿佛看到，塔玛拉每天都沿着宽阔的村道步行去学校，路面或因干旱而尘土飞扬，或因突然的大雨而泥泞不堪。下午回家的路上，烈日当空，沿途的树也只能带来一点点阴凉。在房屋后面的菜园里，白菜和卷心菜发芽了，黄瓜、豌豆和豆子生机勃勃，紫色的甜菜与橙色的南瓜长在了一起。在农家小屋前，路的对面有一片肥沃的草地。塔玛拉走的小路就经过这间小屋，然后通向那片茂密的、难以穿越的黑暗森林。在村庄边缘的田野里，矗立着硕果累累的苹果树。村子四周都长着白桦树，树干亮晶晶的。我仿佛看到，兴高采烈的孩子们在路上遇到了伙伴，他们叽叽喳喳地聊着家里的事情，期盼着接下来的校园时光。当我想象在苏联那广袤土地上人们的生活时，脑海里总是浮现这些农村生活的景象。但塔玛拉一家的情况不同，他们住在工业城市顿涅茨克。只有在夏季的几个月，这家的女儿塔玛拉会去村子里远房亲戚的家里住上一段时间，这个村庄的名字我记不清了，好像是叫斯卡洛杜比夫卡。

顿涅茨克是乌克兰东部的一个大型工业城市，1953年3月，塔玛拉出生了。当时，约有60万居民生活在城市及其外围的定居点。1869年，以尤佐夫卡为名的定居点已经开始在一个冶金工厂周围发展壮大。机械制造公司和煤矿影响了顿涅茨河沿岸的景观。第二次世界大战期间，这座城市被德国占领。因为战争的破坏，城市几乎完全被摧毁。第二次世界大战后，这座城市被重新规划设计，建了许多绿色空间。那时还建设了很多大型的学校，塔玛拉在其中一所学校就读了近八年时间。

一个人是如何被他的出身所影响的？精神病爆发有哪些诱因？她对工厂的离奇看法，是否受到了她上学路上的景观影响？

塔玛拉的父亲是一名测量师，受雇于该市的电车公司。她的母亲在城市管理的行政处帮忙。塔玛拉是她父母唯一的孩子，也是这个小家庭的骄傲和快乐。她总是很活泼，很快就学会了走路和说话，天生就是个快乐的孩子。只有一个例外——晚餐有卷心菜汤的时候。那个时候，他们总是吃卷心菜汤。小塔玛拉的脸色阴沉下来，她用清晰的发音和责备的语气问道："那——是——什么？"

在俄语中，它是一个单一的词，人们可以把所有的蔑视都放在其中，此时它不再是一个疑问句。当然，她很清楚那是什么。当她的母亲平静地回答"卷心菜——汤"时，她坐在桌前，手里拿着木勺，整个吃饭过程中没有再说话。

即使30年后，塔玛拉坐在我的办公室里，她也不禁咧嘴大笑，那双活泼的圆眼边缘的皱纹也随着她嘴角的弧度而加深。

"这比抗议要聪明得多。这让我妈妈感到内疚，因为她总是希望我开朗一点。"

然后，她的笑容变得更加灿烂。

"但几天后，我们又喝了卷心菜汤。"

"这也没什么，反正我长胖了。"她继续说，指了指自己的肚子，"以前的我总是很坚强。"

在我面前的这位35岁妇女显然已经超重了。

"但是现在我很胖，不是因为卷心菜汤。其中增长的15公斤是因为药物治疗，这对我来说是个问题。我的体重一直在60公斤以下，现在是75公斤。"

# 另类事实

从一些例子中我们可以看出，对现实的判断，取决于我们对周围发生的事情的解释。而且，这也适用于我们的感知。因为我们听到、看到、闻到、尝到和感觉到的一切——以及我们如何听到、看到、闻到、尝到和感觉到事物——基本上都取决于我们的解释和评价。这多少有些令人惊讶，虽然我们的例子已经表明，在感知领域会出现令人困惑的欺骗，但是这对我们比较确信的观点——比如精灵与巨魔是否存在——还适用吗？你可能会说，像精灵和巨魔是否存在这样的问题，可以简单地用自然科学来回答。在我们生活的许多方面，自然科学的确很有帮助，但是在有些方面它是没有帮助的。继续看个例子。如何科学地证明精灵和巨魔不存在？而不是在某个地方，在遥远的黑暗森林里，的确有这样的生命在活动？也许他们只是隐藏得很好，以至于没有人看到过他们而已。

请不要把这些想法看作是对理性的基本相对化的辩驳。不幸的是，有一些不好的例子说明这将导致什么。很遗憾的是，总是有这样的例子，诱惑者能用最无厘头的理论说服其他人，有时还能把他们拖向厄运。其中最著名的例子发生在1997年。天堂之门教派的创始人马歇尔·阿普尔怀特（Marshall Applewhite）让教派中的38个人相信，在接近地球的海尔波普彗星后面，隐藏着一艘宇宙飞船，它是派来拯救教派成员的。彗星会通过摧毁地球和生活在地球上的人们，以完成在宗教意义上的净化。只有自杀才有可能穿越到拯救飞船中，从而在另一个世界生存。1997年3月26日，人们在加利福尼亚州圣地亚哥附近发现了阿普尔怀特和其他38名邪教成员的尸体。他们躺在双层床里，穿着同样的衣服，脚上穿着新的运动鞋，口袋里装着很多钱——这些都是在为新生活做准备。

幸运的是，非理性所引起的这种可怕后果还是很少的，但非理性在我们世界上的各个角落都能或多或少地找到，这是因为许多我们坚信其存在或不存在的事物不能被科学地证明。关于世界的荒谬说法，也没有科学的反证，这不仅适用于像天堂之门教派那样完全怪异的想法。例如，我坚定地相信，人死后没有来生，死了就是死了，但我无法向你证明这一点。如果你不这么说——这毕竟是许多宗教的一贯教义——那我也无法给你任何相反的科学证据。因此，我们所坚信的许多东西是无法得到科学证明的，我们必须区别对待科学证明的知识、不能被科学证明或至少尚未被证明的大片区域，以及被称为常识的区域。后者的界限有些模糊，因为它的定义中（还）没有科学依据来证明其主要部分。尽管如此，这也不应该为各种无意义的解释打开大门，因为存在合理的假设，也存在不太合理的假设。在我们所知道的框架内，有合理的解释（尽管可能无法证明），也有深奥的胡言乱语。生活很少与自然科学的黑与白是一致的，我们更多的时候会面向常识的灰色区域。例如，在遥远的森林里是有仙女存在的，因为她们隐藏得很好，所以才没有人见过，但是这与我们对世界的其他认识相矛盾，相当接近于无稽之谈。这个想法在童话和传说中是美丽的，但仙女在现实生活中并不存在。

我们知道一些事情是肯定的，而在一些不确定的地方，我们则是在一个关于世界的理性假设的大领域中活动。我们将不确定的一切都相对化，这不是一种健康的态度。一个人成了怀疑者，往往也会变成一个绝望者。

这里还有第二个方面：我们认为是真实的东西，大部分并不取决于现有的事实，而是取决于我们的判断和评价。我们解释我们所经历的事情，并将它们安置在我们对世界的总体看法中。在邪教的例子中，事实并不是造成灾难的主要原因，因为这颗彗星真的存在。在一张照片中，彗星旁边甚至有光的反射，这一定是来自彗星后面的一个星体。灾难在于一些人对这些事实的解释，起初，从科学的角度来看，光反射不能被正确地解释。后来，天文学家确定，照片中的星体是一颗固定恒星，但最初这一点并不清楚。该教派没有把它当作一个无法解释的现象，给科学家们足够的时间去寻找合理的解释，而是向自己的教徒提供了一个合理却致命的解释。

不确定因素对我们来说是非常不愉快的。为了得到解释，也为了获得确定性，我们必须准备好忍受很多东西。代价是，有时我们要相信怪异的事情或联系。我们不是为不确定性而生，也不是为巧合而生，每件事背后都必须有一个意义。当我们认识到这一意义时，会感觉舒服得多，即使我们不得不进行创造，而且在他人看来会很奇怪。人类学家帕斯卡尔·博耶（Pascal Boyer）从中认识到了人类特征的一个基本模式。他写道："人类倾向于使记忆中的信念适应来自新经验的印象。如果他们在某些信息的提示下对一个人形成了某种印象，他们往往会认为自己一直都有这种印象，即使他们先前的判断正好相反。"在心理学中，为发生在我们身上的事情寻找主观一致解释的强烈需求，也被称为"认知失调理论"。

当我们的看法与对现实的感知之间有矛盾时，当日常生活中我们的主观观点和客观事实之间有意外矛盾时，我们会发现，这很难应对。要减少或解决这种不和谐，会产生一种强烈的压力，所以需要解释，即使这个解释他人无法理解，但我们内心的紧张状态也会减轻。最主要的是，人们自己要相信，如果一个人暴露在认知失调的压力下，是有各种策略来减少压力的。

首先，人可以改变自己的态度（认知）。正如我所说，要做到这一点，肯定要大费周章，因为我们不愿意放弃自己以前的观点。其次，我们可以尝试避免引发不和谐的情况。第三，我们可以尝试重新解释现实。那么，如何处理一个人的看法（他最希望现实是怎样的）和所呈现的事实之间的这种认知不一致？凯莉安·康威（Kellyanne Conway）创造了"另类事实"一词，此后这个词变得十分有名，甚至成了2017年年度热词。

其实，在心理学家之前，哲学家弗里德里希·尼采（Friedrich Nietzsche）就认识到了认知失调的现象。他在《偶像的黄昏》一书中（优美的副标题：或怎样用锤子从事哲学思考）写道："把某种未知的东西归结为某种已知的东西，这令人放松、平静、安慰，此外，还可以给人以一种力量感。面对未知的东西，人们会感到危险、不安和忧虑，第一个冲动便是要消除这种令人痛苦的状态。"他的结论是："因此，随便什么解释都比没有解释好。因为人们基本上只是想摆脱压迫性的偏见，对摆脱偏见的手段并不十分严格。未知之物借以解释为已知的第一个观念干得如此出色，以致人们把它'当作真理'。"

比起不确定，我们甚至能接受对我们来说负面的解释。一些病人来我的诊所看病，如果我告诉他们这可能不是一种精神疾病，他们并不高兴，这总让我感到惊讶。虽然他们发现，没有患上精神疾病很好，但是这时经常会出现令人沮丧的问题："那我怎么了呢？"

当然，我们更希望有好消息，但比起空洞、刺耳的不确定性，我们往往更喜欢坏消息。因为我们至少知道发生了什么，可以去处理它，但不确定因素对我们来说是难以承受的。我们不喜欢意外，除非是个好的意外，而意外是不是一个比较快乐的意外，通常只有事后才知道。我们更喜欢可预测的事，首先这意味着我们知道正在发生什么，我们可以解释它。我们喜欢在事情发生时就知道背后是什么，如果我们能同时解决认知上的不协调问题，即找到一种方法让我们经历的事情与我们的解释一致，那是最好的。

英国伯明翰大学教授范·谢克（Willem van Schaik）从进化生物学角度这样描述："我们必须对发生在我们身上的事件做出解释，人类的生存一直依赖于此。如果人们不能正确解读环境迹象，那么就会一直寻找，所以，我们的头脑对不确定因素和巧合的反应就像是过敏一样，如果找不到一个有意义的解释，我们就会无法抑制地一直寻找。"《圣经》中创世记的故事也应以这种方式解释。它"解释了这个世界上人们看起来陌生的地方"。我会在描述我的病人的经历中再次提到这些方面。

许多人可以在电影或书籍中偶尔体验到童年时期不确定性的残余，我们沉浸在情节中，仙女变成了现实，与受到外星人威胁的角色感同身受，有点爱上了那位不能被救赎的公主。我们喜欢偶尔从直白的现实日常生活中抽出时间来，不仅仅是在紧急情况下逃往幻想世界，而是有意识地在非现实中休假。我猜我不是唯一在假日期间有这种感觉的人，就是这些日子最好永远持续下去，但一个永远不会结束的假期就不算是一个假期，而是另一种形式的生活，那么人们可能很快又需要另一种假期。

因此，我们有时宁愿待在书中的现实里，或怀念电影中虚构的世界：通常情况下，我们不难将虚构的世界和我们真实的世界区分开来。作家弗里德里克·迈罗克（Friederike Mayröcker）这样描述这一时刻："当你从机器旁站起来或放下书的时候，会更加强烈地意识到这个美丽的幻觉。"我们学的是一种确定性，即我们已经阅读了不真实的东西，但却几乎可以把它当作真实来体验。这个游戏之所以有效，首先是因为我们可以确定什么是真实的，什么是不真实的。这使我们能够暂时尝到一种快感，知道一切可能完全不同的快感，我们很乐意在巨魔的世界里生活一段时间，因为我们知道他们并不真正存在。因为这种安全感，我们让自己被带入幻想的世界，在这段时间内我们将我们阅读的东西视为现实，并且去体验它。

在英语中，"虚构"是所有被创造的故事的名称，真实的东西被称为"非虚构"。但这种区别并不总是像听起来那么简单。堕入地狱，进入到我们祖先的世界，这些让我们想象到在古埃及的生活片段，尽管我们知道这只是一本圣经小说。我们被带到小说的世界中，感同身受，忘记了我们的世界，与另一个世界的英雄们生活在一起，为他们的胜利欢欣鼓舞，同时也有了一点胜利的感觉。

同样，当我们做梦时，我们也会给现实放个假。睡梦、梦境世界或其他非真实世界的边缘，最后是妄想，在文学作品中已经被描述过多次。美国哲学家罗伯特·沃尔夫是这样描述的："在梦中，一切都会触及疯狂的边界。"著名作家歌德在《埃格蒙特》中这样表述睡眠的妄想特性：

　　甜蜜的睡眠！你来了，就像纯粹的幸福，自愿的、最不被恳求的。你松开了严厉思想的结，把所有快乐和痛苦的形象混在一起，不受阻碍地在内在和谐的圈子里流淌着，在愉快、疯狂的包裹下，我们沉沦，不复存在。

　　从这些小说世界或梦境，即令人愉悦的疯狂世界，回到现实生活中，也许会产生短暂的刺激，但并不会遇到任何困难。几秒钟后，我们可以清楚地分辨出小说中的世界、梦境和我们日常生活里的现实。甚至许多人认为，在回到现实的过程中出现问题这种可能性也是相当荒谬的，但是这些困难确实存在。

## 卷心菜汤和伏尔加河的气味

当塔玛拉谈到她的童年时，我总能闻到卷心菜汤的味道，感受到客厅的狭窄。她生动地向我描述，她家住在两室一厅的公寓里，去学校的路很长，她沿着颠簸的石子路走，路过白桦树、宽阔且郁郁葱葱的草地——清晨草地上经常有雾，以及菜园小屋（我再次闻到卷心菜汤的味道）和随意堆在路边的建筑材料。她要花很长的时间，路过她父亲工作的铁路公司的轨道，走到河边。她在学校很受欢迎，有很多朋友，偶尔会有同学因为她壮实的身材而试图取笑她。但这通常不会持续很久，因为她说过："我的手臂也很强壮！"

学习也从来没有任何困难，不用怎么努力，她就能取得好成绩。她说："我的大脑总是有很大的容量。"

在她10岁的时候，她的父亲被调到萨拉托夫。"我们搬到了大城市。"

对父母来说，他们回到了以前的环境中，那时他们还没有女儿。但对塔玛拉来说，在伏尔加河畔的生活意味着改变，但她很快交到了其他的朋友。从此，去学校的路更短了，所有学校都在城里，她以后可以在萨拉托夫学习。

"一切都很好、很快。"她想了一会儿，在回忆中笑了笑，补充道："只有卷心菜汤还在。"

18岁时，塔玛拉在萨拉托夫的大学里学习化学。五年后毕业时，她发现学习很轻松，自己的记忆力很好，也很专注，而且她喜欢这个专业。"学习这个世界是由什么组成的，这很有趣。"

毕业后，她在一家化工厂找到了工作。实际上，她想在办公室工作——食品控制或其他什么——但她想先在厂里获得一些经验。当她还在申请工作时，她的父母就在一场车祸中去世了。

塔玛拉已经来找过我几次了。当病人向我讲述他们的故事时，我总是问自己，其中有多少可能与他们目前的疾病有关。在他们的自述中是否存在可能引发疾病的事件？许多病人都是带着这种想法来的，他们认为，是因为发生了一些奇怪的事情，所以精神疾病闯入了他们的生活。他们变得抑郁，生活在妄想的世界里，或者形成了强迫症。他们中有的人因为害怕受迫害而逃出家门，或因幽闭恐惧症而无法离家，所有这些原因很大程度改变了他们以往的生活，所以他们必须要有一个特殊的解释。我们往往是在过去的经历里寻找原因，是成长环境、童年的创伤性经历或是青春期的社会发展，还是由于他们是独生子女？

对大多数人来说，能认识到命运的巧合因素也很难。我一直在想这个问题，因为我对自己的命运没有责任。与此相对，很多病人也在和我讲述人生经历时说，因为有出错的地方，所以肯定要有人承担责任，许多人宁愿找出这样的罪魁祸首，即使这个人是他们自己，也不愿意相信像命运这样的无稽之谈。我可以对一个罪魁祸首生气，如果有必要，也可以生自己的气，但是命运的打击来自于未知，这让人无能为力。

不仅仅是病人，职业界也充斥着对罪魁祸首的搜寻。多年来，对精神分裂症病因的研究坚定地认为，这和精神分裂症患者的母亲有关，是因为她的教养方式——特别是持续的双重束缚信号，为可怜的儿女打开了前往精神病院的大门。这种无稽之谈并没有因为在逐步进步的时代而得到改善，哪怕人们得出新的结论：也可能与患有精神分裂症的父亲有关。

今天，这种病因听起来非常奇怪。我们知道精神分裂症的原因结构很复杂。与这样的复杂性相比，精神分裂症的病因来自母亲这个说法，听起来平庸得可笑。但这在当时是一个非常严肃的理论，它给母亲带来了很多不幸——后来为了平等，也给一些父亲带来了不幸，我相信受到过迫害的父母时至今日也不觉得这很有趣。我一次又一次地遇到这样的人，他们无法完全摆脱这样的想法：如果他们的儿女表现得很奇怪，那么一定是自己在教育中做错了什么。

但是，在解释自己的病因时，病人会比父母更频繁地把自己放在导火线上。这样的事情发生在我身上，是我做错了什么吗？因为人们可能在生活中做过很多错事，所以这个问题总是能得到些让人惊讶的新答案，而且往往是怪异的。例如，错误的饮食习惯就常常被当作原因之一。

　　太油腻或者太清淡；素食主义者或者无肉不欢者；维生素摄入太少。可能这些解释在很大程度上和一个时代的精神有关，当然广告也有些影响。例如，有种东西可能是健康的，但我的摄入量却不够，这不是我生病的原因吗？这种东西有时是矿物质，有时是微量元素。很长一段时间里，自慰也被列为可能的原因之一，但它已经过时了，其他宗教原因也逐渐变少。有些想法听起来很荒谬，但它们只是表达了一种绝望，试图解释那些无法避免地闯入自己生活的东西，这些东西他们自己也不知道为什么。很少有人把这一切归为造化弄人，因为无论命运是否击打你，你都无能为力，也不能去责怪谁。

　　如今，人们不会常把命运当作专业意义上的精神疾病病因，因为这听起来像是来自旧时代的认知，也太不科学了。

　　此外，这还总是一件听天由命的事。我们很容易忘记，命运挫折的到来是无法被影响的，而且它和事后如何应对有关。今天，精神分裂症的发展是用脆弱性压力应对模式来解释的。简而言之，这一理论主要是讲遗传因素、外部影响和内部应对机制的相互作用。这一理论有很多科学证据，它指出，对于许多精神障码来说，生物学上有一个确定的发病概率。当外部压力因素（称为压力源）出现时，这种遗传易感性就会起作用。与此相对，反作用力被称为应对力，它代表着人的内在应对机制。如果易感性高，很快就会导致疾病的爆发；然而，如果成功地加强内在的应对机制并尽可能地避免压力，那么这种情况是可以避免的。相反，即使易感性低，如果压力大，应对机制弱，也有可能患上该病。

当然，很多患精神病的因素来源于成长环境或者生活变故。比如说父母都在车祸中丧生，这个事件是不平常的，如果事后我们不得不经历一个阶段的抑郁，那么抑郁的原因就在于这次打击。焦虑往往产生于童年，通常是对某些事件的学习性反应，然后一次又一次地巩固，其他疾病也可以追溯到童年。当然，如果我们从小到大一点自主权都没有，那么这很可能对我们的人格发展有影响。这也许是因为我们父母的担心过于夸张了，他们觉得如果让我独自一人，可能会出事，这种解释对某些疾病来说可能是相当有效的。然而，塔玛拉·格伦费尔德患有精神分裂症，对于这种疾病的发展，这种经历的因素可能没有或是只起到非常小的作用。

当塔玛拉坐在我面前，向我讲述她在俄罗斯的童年时，我就很清楚了。但不仅仅只有一个病因，实际上，患有精神分裂症的人很少是这样的。当人们去看医生的时候，病情就已经爆发，病因也已生效了。从那时开始，病因就只是一个要去应对的问题而已了——当然，我们最好解决它。

可能的病因给治疗提供了线索。但同样重要的是，不要把疾病看成是某种物品，就像一顶帽子，我可以戴上，也可以在适当的引导下摘掉。事实上，很多人将疾病视为一个简单模型。生病就意味着：我已经感染了细菌，如果我使用了抗生素，那么疾病会随着细菌一起被消灭。或者像断腿一样：骨头断了，只要被固定住，稳定下来，后来又会长到一起。然后又是一根骨头，一根骨头，一根骨头！

精神分裂症的情况就不同了，无论何时，都会有一个标志出现，我们遇到的是一个人整个人生的故事，这也决定了疾病将如何起作用，它将对人格产生什么影响。每个人对精神分裂症的反应和应对的方式都非常独特。不仅是疾病本身，患者处理疾病的方式也是最重要的，这将决定生死。

这就是为什么了解这个人的全部是如此重要。精神病学家克里斯蒂安·沙菲特（Christian Scharfetter）这样描述："精神病学的研究对象总是在他或她的生活中是一个完整的人。要想了解这样一个完整的生命体，只有当我们认真对待这个人，并对他进行关怀时，才能成功做到这一点。"但这个目标只能近乎实现。如果我对二十世纪六七十年代的俄罗斯生活知之甚少，我又怎能理解塔玛拉·格伦费尔德呢？她对现实的认识不也是受到学校课桌的拥挤、俄罗斯糖果的味道、去大学路上伏尔加河的气味的影响吗？

# 寄生虫生物

　　"所以，我来到了黄金西部，"她带着有点讽刺的笑容说，"毕竟，西部并不是那么的金贵。"她在柏林与一位叔叔住在一起，还获得了居留证，因为她的父母被认定为被驱逐的伏尔加河流域的德国人。她不明白这到底意味着什么，但很高兴能够开启新的生活。当然，伏尔加河的气味已不复存在，这里也没有她的朋友。而最重要的是，她的父母已经不在了。

　　"那是一个困难的时期，在一个陌生的国家。太阳的照耀方式不同，这里的风也是陌生的，一切都是。"

　　叔叔在力所能及的范围内提供帮助，塔玛拉也很快学会了德语。

　　她骄傲地说："我能记住很多东西，我的大脑有很大的容量。"她还找到了一份工作，虽然不是化学家，而是化学实验室助理，但对她来说也是好事，工资能够维持基本生活，而且很快就能租得起属于自己的小公寓。慢慢地，她也和公司的其他同事有了联系，这是因为她天性开朗，尽管父母的去世让她悲伤，但她开朗的天性还是慢慢地再次展现出来了。有一次，她说："母亲不希望我一直悲伤，但我确实非常想念母亲和父亲。"

她为新的生活做好了准备，有工作，有朋友，也许有一天会有自己的家庭，以前在俄罗斯的生活记忆也在逐渐淡去。但随后，那些声音就来了。如前文提到的，最初一切都是缓慢的、小声的，只是让人烦躁，后来是几个人聊天，让她分心，还互相谈论她，最后干脆向她大声下达命令。在第一次尝试之后，她不再谈及这些经历。她很快意识到，其他人并不理解她，只是觉得她奇怪，仿佛她已经疯了，但是她并没有疯，那些声音确实存在，只是没必要去关注它们。

专注于工作变得越来越难了，这些声音干扰了她，她在实验室分析时犯了越来越多的错。家庭医生给她开了病假，她并没有把这件事告诉她体内的那些声音，她把注意力不集中归咎于父母去世的悲伤和新生活环境的艰难。但是，病假并没有用，相反，这些声音变得越来越生动。

当我问她认为这些声音来自哪里时，她说："也许它们一直存在，但在之前和我的听觉器官没有联系。"她现在很清楚这些声音从哪里来。

"它们来自我的内心，来自那里的人们。"

"什么人？"我惊讶地问。

"那些生活在我体内的人，他们非常小，很渺小，而且他们人数众多，不是一千，不是一百万，而是像我说的，有一万亿人住在我的身体里。就像一个住在我体内的黑手党、大家族。他们对我说：离开你，我们就活不了了。"

从病人那里，我已经听说过很多奇怪的故事，但是塔玛拉讲述的情况非常诡异。起初我不清楚，她是不是在讲一个幻想中的童话故事，或者一个噩梦。但她讲述时的方式很快就说服了我，她变得相当严肃，不平淡，甚至不害怕。她只是想让我明白发生了什么事。因此，她不厌其烦地尽可能详细地讲述这个故事。

"他们住在我体内，侵蚀我的器官。我感觉不到他们，他们也不会让我疼，但我很确切地知道他们。他们还准确地告诉我他们在做什么，这并不是什么秘密。这有点像他们想更多地折磨我，通过事先告诉我他们要做的事或者事后评论我。当我晚上躺在床上时，常常不能长时间地躺在一边。他们让我躺在左边，我必须转到左边。其实根本就不是我在转身。但这没法改变：是他们让我转的身！有时他们只是为了戏弄我，向左转，现在向右转，再向另一边转。我就像一个奴隶，像这些人的木偶。我做每一件事他们都跟着，我见朋友时，做饭时，洗澡时，他们都在。他们也知道我今天要和你谈话，并且很乐意偷听我和心理医生的谈话。他们总是称其为'窃听'，现在他们非常清醒，而且很安静，因为他们想听我说什么。他们也很少打断我，大多是我讲得不准确或漏掉一些东西时，他们才会跟我说，讲讲这个或者说说那个。"

当塔玛拉讲述时，我很难不说点什么。我有很多问题，想让她面对现实，想告诉她这是不可能的，也许是她的幻想，最多也就是一种疾病而已，但我努力忍住了。我想先了解一下，她怎么去解释自己的这些经历。她用尽一切力量来说服我，她的脸颊发红，她的手活动着，以此来强调她所描述的内容。很明显，她希望我能够理解这一切。她不厌其烦地将一切都描述得尽可能丰富多彩。我可能是她很长一段时间以来，或者说是有史以来，第一个专注的倾听者。

我问："在我们的谈话中，你也能听到他们的声音吗？"

"是的。现在，在我们的谈话中，他们只对我有一点干扰。但如果我集中注意力，我可以听到一个声音在说，我现在说的是什么狗屁话。我为这个词感到抱歉，但他们的表达经常如此的不雅。"

我们都沉默了一会儿。她还在思考她是否把所有事情都说得足够准确，而我也很难消化整个故事。

"我不明白，这么多人怎么能都住在你的身体里，你的身体也没有那么多空间啊？"

当我问到这个问题时，我才想起，我不想失去她的信任，我不想让她听起来好像我不相信她。但是她好像没有表现出误解和失望，只是把我的问题当作一个信号，表明她还没有很好地描述发生在自己身上的事情。她很清楚，这是一个非常奇怪的经历，对这样的问题她并不惊讶。但她也坚信自己所说的是现实，一切完全是按照她的描述而发生的。

"对，无论谁听到这些都会觉得奇怪。也许有人会笑，但就是这样！他们都住在我身体里。他们像微生物一样小，是微型的人。他们也穿了衣服，就像我们一样，他们也是人，懂吗？他们住在房子里，那里甚至还有工厂。他们有时会在那里制造些气味，然后我就会闻到这些气味。当我到外面散步时，他们通常放出汽车尾气。他们在工厂里重新制造这些气味，然后在我的房间里就又能闻到。那里本该没有汽车尾气的，是我体内的人，他们制造了气味。他们想惹恼我，他们想折磨我。"

她不断往前倾，最后倒到沙发上，深深地呼吸。

她如此生动地向我描述这些奇怪的生物，他们生活在奇怪的世界里，有房子和工厂。有一刻我忘记了这是发生在她身体里的事，所有人都住在她体内，她说的故事是来自她的内心世界。她说，她把体内的这些生命简单地称为声音，他们用她的眼睛把看到的人复制到她身上，她所看到的一切都会随后突然进入她的内心。她不知道这些声音是如何做到的，但她知道她看到的东西在她的身体里。她知道那些声音喜欢看的电视节目，因为节目里有美丽的公寓或穿着漂亮衣服的人。这一切都会被复制，然后住进她的身体里。她的父母在里面，在电视上看到的欧洲的国王和王后也是，还有他们的城堡和美丽的园林。她的内心世界是外部世界的复制，但声音也做了一些选择。她一次又一次地收到来自声音的反馈，例如，她提到了美丽的公寓和城堡。

"他们对此有很大的乐趣。"

但同时也有故事的另一面，即黑暗、威胁、可怕的一面。

"这就像一个黑手党，就像一个想要摧毁我的大部族。我也不明白，他们吃我的器官，折磨我，想毁灭我，然后他们一直说：没有你，我们活不下去，我们只能依赖于你而存在。"

我问："为什么人们只能住在你里面，为什么他们根本就住在你里面？"

"我不知道。"

在心里听了几秒钟后，她又重复了一遍。

"我不知道。"

这是第一次，她感到深思之后的悲伤。直到现在，她似乎还很有攻击性。

"这一切是如何发生的，谁在对你做这件事？"

在一片质疑的沉默之后，又是这样的回答。

"我不知道。"

## 我不能放手

提到癌症时，人们会想到死亡。而提到精神疾病时，就会想到妄想、上瘾、疯狂或抑郁，但是不会将精神疾病和死亡联系起来。

这是个错误。

数字表明，许多患有精神疾病的人会选择自杀，自杀念头是精神疾病的"扩散阶段"，这个阶段是会致死的。研究报告称，约有5%至15%的患者死于他们所患的精神疾病，也就是抑郁症、躁郁症、酒瘾、精神分裂症、饮食失调。我们在这里不是在谈论经过深思熟虑后的自杀，深思熟虑的自杀意味着，一个人权衡了他迄今为止所过的生活和期待的未来，并决定在疾病或更大痛苦来临之前结束自己的这种生活。相反，我们谈论的是精神疾病，这些疾病使人难以清醒地看待自己的生活状况、未来的生活以及余生的展望。

抑郁的人是透过暗色的眼镜看世界的。

他们看到的一切都在阴影中，生活没有一丝灿烂的阳光。在他们看来，"有太阳的地方，才会有影子"这句话听起来很傻，而且是瞎编的。阴影占据了他们的生活，阳光灿烂的日子已不复存在，或者只留在非常苍白的记忆里。患了抑郁症，就连记忆都是有阴影的。

在患有精神分裂症的人中，他们的眼镜不是暗色的，而是充当外部刺激的放大器，透过它看世界，对生活状况和世界的清醒看法会被扭曲，世界变成了一个有意义的万花筒。如果我一直都在害怕自己被迫害或杀害，如果每件事都被解读为一个征兆，如果我接收到的每一件事都是专门为我发出的信号，且会加剧我的妄想症，如果我再也无法摆脱这种恐惧——如果所有这些一起出现，那么想要结束这一切骚乱的想法就离我越来越近了。此外，精神分裂症患者经常会出现幻觉，比如出现命令性的声音，给他们下命令的声音。这些声音告诉他们要从窗口或火车前跳下去，这并不罕见。

"他们说我坏话，"当我们聊起她的幻觉时，塔玛拉说，"他们嘲笑我，'看看她有多胖'，'她今天没有洗头，头发很黏'。有时，他们对我说，'我们永远不会离开你，离开你我们不能生活，我们会在里面不断地繁殖'。"

"这些声音有时也会给你下命令吗？"

"哦，是的。他们给我下命令。他们说，'你今天必须穿上衣服'。他们经常说，'做这个'或'做那个'。我就像这些声音的傀儡。"

幻觉中的声音不是自己的想法，而是外界的声音。就获得的经验而言，健康的人能听到隔壁有人说话，精神分裂症患者能听到幻觉里的声音，这二者之间没有任何区别。这两种声音都是从耳边传来的，是真实的，它与抽象的观念、内心的想象、幻觉或单纯的想法无关。但是它来自外界，这也有好处，那就是我可以与它保持距离，至少别人不能控制我，这比让自己与自己的想法保持距离要容易，但并不总是能做到。精神分裂症患者在自杀未遂后总是说，那些声音说他们应该自杀。很长一段时间里，他们抵制它或试图不听。但某些时候，这些声音太强大了，他们再也无法抵抗了。

塔玛拉还说："有时，他们让我自杀，但我不听他们的话，你知道的，我会抗争。这有时就像一场战争，但我不会放手的。"

从上述原因得出，自杀性测试对精神障碍患者非常重要，这是心理病理学研究结果的一个常规部分。人们常常担心，直接询问病人是否厌倦生活或有无自杀倾向，很容易让他们产生自杀的想法。

因此，我的年轻同事往往不愿意提起这个话题，这是可以理解的。但他们在培训中知道，检查是否有自杀倾向是有必要的，如果不这样做，若出现了这样的情况可能就是渎职行为。这种行为得到了研究的支持，研究表明，那些自杀的人几乎都事先拜访了他们的治疗师或家庭医生，并且暗示了这件事。但是他们往往没有明确地被问及自杀的想法。当然，这并不是说，仅仅问到了自杀问题就一定可以预防自杀。还有一种情况：人们已经决定自杀，并故意隐瞒了自己的意图，但是当病人被问及他们的痛苦经历时，他们普遍感到宽慰。

患者还担心，如果他们公开了自己的自杀倾向，可能会受到胁迫。精神病医生会强行把我送进诊所吗？我会被关起来并被迫服药吗？然而，尽管有这些担心，对病人来说，说出来仍比保持沉默要好。大多数情况下，和了解一点情况的人倾诉比较解压。通常对病人来说，精神疾病中的自杀念头是一把双刃剑。患者想摆脱问题的困扰，想要杀死那些劝说自己去死的声音，想要结束黑暗世界中的黑暗生活。当然他们通常还保留着一些残留的念头，也许是一种残存的希望，期盼情况能变得更好。也许是担心自杀可能不会成功，且会留下严重的身体伤害，也许这只是从一个已知的状态，即使是痛苦的状态，转到一个未知状态的抑制作用。

已故的瑞士巴塞尔精神病学家沃尔特·波尔丁格（Walter Pöldinger）深入研究了发展到自杀的推动力。他指出，在这个阶段，当事人有具体的自杀想法，也许还有计划，但他们同时又是矛盾的，对有效的帮助是持开放态度的。因此，波尔丁格称这个阶段为矛盾阶段，他把病人的求助行为归入这一阶段。患者经常求助专业人士，暗示他们或详细地表明对生活的厌恶，这样的交谈具有发泄功能。病人想要交流他们的想法和他们正在做的事情。他们比往常更多地寻求与可信任的或可求助的人接触。因为在这个阶段，除了疲惫，总是有一点点的希望，因为这一点的希望，患者愿意接受较为详细的询问，甚至可能接受帮助。他们希望能有一个令人信服的理由，毕竟这样可以阻止他们自杀。对于专业人士来说，如果因为自己的羞涩而回避去问这个微妙的话题是不专业的。我经历过好几次这样的事情，病人无论如何都不想去诊所，但后来都会对我强迫他们这样做表示感谢。请注意，不仅是回想起来，而且在当时的情况下也是如此。这种看似矛盾的行为，可以用这种矛盾的态度去解释。

根据波尔丁格的说法，考虑阶段先于矛盾阶段。这时自杀的念头会突然出现，成为解决问题的一个可能选择，这可能是家庭经历引发的。如果一个人记得自己姑姑的自杀，那么自己也可能自杀，因为这是可以想象到的方式，媒体新闻也有类似的效果。

这就是严肃媒体通常会非常谨慎地报道自杀事件的原因。德国新闻委员会2015年3月版的《新闻准则》针对自杀话题指出："自杀报道需要委婉，尤其是提及姓名、公布照片和描述更详细的事件相关情况。"瑞士新闻委员会的《记者指南》中更明确地提到了模仿的风险："记者在报道自杀事件时应尽可能委婉。"除此之外，《记者指南》还认为："为了避免模仿行为，记者应避免报道有关使用方法和手段的详细、准确信息。"

在经过了考虑和矛盾的阶段之后，终于到了波尔丁格称之为决定的阶段。病人在矛盾阶段的考虑产生了一个决定，也就是自杀的决定，他们求助的呼声没有给他们带来任何让人信服的解决方案。具体的准备工作开始启动了：购买药品，查看可能的高楼、桥梁或塔，并在想象中扮演从这些地方跳下去的角色。这个阶段是评估自杀倾向的一个特别危险的阶段。其他人无法再劝阻患者，因为他（她）已经做出了决定。通常情况下，他们的精神状态甚至会有改善，因为已经找到了解决办法，这对患者往往有缓解的作用，但是这让医生在这个阶段特别难以识别病人是否有自杀的倾向。人们常常认为，治疗终于实现了突破性的进展，但这只是回光返照，就像谚语所说的：暴风雨前的平静。

波尔丁格提出了以下问题来说明自杀行为，这些问题如今已成为标准精神病理学评估的一部分：

1. 你是否曾想过自杀？

2. 你会怎么做？你是否已经做了准备工作？

3. 你是有意识地去想，还是这种想法强加在你身上，即使你不想这样做？

4. 你是否已经和别人谈了你的意图？

5. 你是否对那些压迫你的人有攻击性行为？

6. 与以前相比，你是否限制和减少了你的兴趣、想法和人际交往？

我问塔玛拉关于自杀的想法："当你经历了那么多糟糕的事情，并且经常如此绝望的时候，你是否有过自杀的想法？"

　　她认真而毫不犹豫地回答："不，没有这种想法。我根本没有想过自杀。"

　　然后她又重复了一遍。

　　"你知道，我很挣扎。这有时很难，他们有时把我逼得太紧。但是，我会抗争。我不会放手的。"

# 他们有时把我逼得太紧

　　塔玛拉患病时，只能选择有限的药物和心理治疗方法。她用了当时可用的药物，且对药物的承受力很好。唯一的副作用是体重大大增加，她深受其害，但还是背负着种种困难努力坚持。尽管困难重重，她还是努力保持愉快的心情，过自己的生活。

　　"我在抗争。"她一直这么说。

　　不幸的是，药物治疗并没有帮助。妄想丝毫没有被撼动，定期的心理治疗谈话主要就是关于日常，她是如何度过这一天的？如何重新建立一个有规律的日常生活？是否有可能分析出幻觉特别强烈的情况？能否制定策略，将这些声音推至身后？她应该向其他人袒露多少自己的经历？这些都是老生常谈的话题。但在她体内的那些生命还存在着，并且持续影响塔玛拉。这些声音无法被解释，她听到了那些声音，而且声音持续不断。塔玛拉勇敢地战斗着，但面对她所说的"黑手党"，如果没有精神病学的帮助，这场战斗是没有希望的，这一点在最后的谈话中很清楚。她开始怀疑自己的经历是否会有任何改变，这场自我斗争变得越来越像独自在树林里吹口哨，越吹越害怕，恐惧占据了上风。

当我有一天再次与她交谈时，她的面部表情充满了担忧。她说话很犹豫，不断地重复开头的话，直到她告诉我新的想法。

"他们没有我就活不下去。"

"他们总是说……"

"但也许——他们撒谎了……也许，他们也能戳到别人的痛处！"

我试图说服她放弃这种猜测。然后，我们又谈到了她的患病经历，这种疾病是由她的经历导致的，那些像寄生虫一样住在她体内的活人，并不是真实的。我告诉她，虽然她能感觉到、确信他们的存在，而且能听到他们的声音，但他们不是真实的。当然，他们也不能传染。她疑惑地看着我。

她一直希望能从我这里获得对妄想的解释，但她从来没有相信过这些解释。

"但是，那些声音——它们说的是别的东西！"

这次也是如此。我无法获知她的经验，也无法影响她的病情。她坐在我面前，黑色的眼睛，彩色的套头衫，宽大的长裤。她把头发剪短了一点，头发也整齐了，还穿着新鞋。但这一切都不重要了，她已经满面愁容。

"我不想把声音传染给别人！"

我们安排了在那个星期再次谈话，但那是我最后一次见到塔玛拉了。三天后，我收到警方的消息，塔玛拉·格伦费尔德被发现死在自己的公寓里。显然，她自杀了，但警察不知道的是，她也了结了体内的邪恶力量。那些"寄生虫"不能脱离她而生存，自然也不能再感染其他人。

"我不会放手的。"

但如果太过沉重怎么办？在这种决定时刻，就像作家阿诺·施密特在一个故事中所描述的那样："结束吧！抛弃所有，放弃吧！"

第二个故事

THE SECOND STORY

**气候远足者的故事**

# 跨界之王

汉斯·陶伯特是一个高大但看起来很憔悴的人，来接受治疗的时候已经28岁了。他的样貌看上去有点苍老，从鼻子的左右两边到嘴角，有两道又粗又长的法令纹，头发稀疏，只能将它们向额头方向梳理，脸上还留有一些胡茬。他和塔玛拉很不一样，塔玛拉有一双有趣的眼睛，总是在不停地转动，但他的眼睛却很少移动。我们谈话时，他总是盯着房间里的某一处，说话常常停一下，我很难和他保持目光接触。

通常情况下，眼睛是我们互动兴趣的窗口，它会随着一些正在发生的事情转动，但陶伯特的眼睛很呆滞，总是固定在一个方向上，偶尔有些变化，就像没有参与到谈话中来一样。与他建立情感关系，显然要比塔玛拉·格伦费尔德难得多。他看起来难以接近，很严肃，疑心重。他的穿着看起来十分朴素，破旧的黑色长裤搭配扣到顶的浅蓝色水洗衬衫，但黑色的鞋被仔细地擦亮了。

当我和他说话时，我有一种奇怪的距离感，仿佛我们之间有一堵无形的墙。在和健康人交谈时，我们通常会不由自主地检查对方的反应，因为面部表情和手势也是对话的一部分。而我和陶伯特的对话却只有说了什么，他的面部表情和手势并没有表现出任何特别的情感投入，一切都显得很僵硬，有些机械。

荷兰精神病学家亨利库斯·科内利斯·吕姆克（Henricus Cornelius Rümke）为我们谈话中的印象创造了一个术语——早发性症状（praecox feeling）。当我们和精神分裂症患者谈话时，甚至在确诊之前，就经常出现这种情况。这个术语来自于精神病学家埃米尔·克雷佩林（Emil Kraepelin）创造的、现称为精神分裂症的古老术语早发性痴呆（Dementia praecox）。早发性症状表现为一种有距离的、陌生的对应人格，仿佛不是和人的本身在交谈，而是在和一个冷静的中介在说话，和他聊天仿佛看不到一点激情和身体动作。精神病理学家沃尔夫冈·布兰肯伯格（Wolfgang Blankenburg）将这种感觉描述为"精神分裂症的冷漠之幕"。在那个时代，诊断是以操作化、标准化为主导的，这种在研究员与病人交谈时产生的模糊症状，被认为是不太可靠的，并且没有人承认它是诊断的标准。我也认为，将研究员的一般直觉作为诊断标准是不充分的，它不应成为特定的诊断理由。尽管如此，精神病学家在检查精神分裂症患者时，早发性痴呆，这种非常特殊的症状反复地出现，也有经验丰富的临床医生认可这种直观、具有全貌的症状在精神分裂症诊断中的地位。但是我们也需谨慎地使用它，早发性症状也许可以指出诊断的第一个方向，但是之后必须根据诊断标准判断是否正确。

几天后，当汉斯·陶伯特对我更加信任时，他跟我说了更多自己的经历。有人能耐心地听他说话，而不是立即打断他，觉得他说的都是废话，或者干脆转身离开，这让他很高兴。这种反应环绕在他的周围，他早就习惯了，而他所经历的事情比塔玛拉·格伦费尔德更加奇异。

汉斯·陶伯特去上班或在其他的旅途中时，他必须按照计划的那样：乘上那辆长长的火车，到站后必须在定好的那一边下车，他必须确保从始发站到终点站之间的距离是最短的，这对他来说非常重要。在出发之前，他会先想象目的地的样子，然后乘坐上相应的列车。如果他没有足够的时间到达最佳地点，他宁愿让车开走也不会上车，他会坐下一趟车，或者选不同的路线。他当然知道，无论步行上车还是下车，其实都没什么差别；即使他去了站台的另外一边，两次的距离也是一样的。然而这样的理智并不会影响他的行为，如果他在这途中犯了一次错，在错误的地方上了车，就可能会占据他一天的时间。

"但我一直都能很好地做到这一点。我的方向感很好，所以能够游刃有余地在不同的世界之间移动。"

"你说的不同的世界是什么意思？"

突然，他看着我，审视着我，带着残留的怀疑。但与此同时，他对我也越来越信任，他已经告诉了我很多，为什么不把他的奇怪经历也告诉我呢？他再次将目光投向远处某个假想点，开始了他的讲述。

"好吧，你不可能知道，因为我是唯一能在不同世界之间移动的人。在你看来，一定是只有一个世界。"

我不想打断他的故事，也不想用很多问题刺激他。所以我只问了一句："还有什么其他的世界？"

他一次又一次地停下来，凝视着空间，说："至少有三个。你想象一下，就像你生活的世界一样，还有其他两个世界。"

现在我不能再等了，便问："这些世界在哪里，你指的是地底下还是哪里？"

但他甚至没有听我的问题，而是继续说道："在每一个地方，都有数十亿人，有房屋、学校、街道。都有政府，有些还有国王。"

然后他再次动摇了，向后靠了靠。我有点担心他停止对话，担心他可能把自己的经历当作秘密，担心他对我的信任不够充分。但过了一会儿，他继续说话。

"是的，他们也有国王。"他再次思考了一会儿，"但我是这些世界真正的王。"

他笨拙地、缓慢地讲述了这一切，一次又一次因思考而停顿，比如现在就有一个较长的停顿。我也要试图理清一下自己听到的东西，而他也不像第一次讲述时那么激动了。

"我希望能更好地理解它，我要把它想象成平行世界吗？"

"不，你不明白。那些世界真的存在，它们之间都是平等存在的。"

"它们不是并排存在的，而是一个在另一个下面存在。"

"目前，我们处在顶层，但还有一个更深的世界和一个更低的世界。"

如果有人在日常生活中给我们讲这样的故事，我们会很快把它归类为一个相当古怪的，或许是一个深奥的东西。我们会认为这简直是胡扯，然后不愿意再听下去。但是，如果我们知道病人不只是在讲述一种冒险的、暴躁的、理论上的建构，而是真的将这些故事作为现实来体验，那么找出这一切在患者的经历中起什么作用，这是非常令人激动的。研究者的好奇心在这时就很管用，我好奇地追问了汉斯·陶伯特，并重复了我的问题。

"那么，其他世界是否在地底下，或者你在哪里可以找到它们？"

然后，他变得更加活泼了，大概是他已经注意到了我对他的经历感兴趣，并没有简单地否定他的思想世界，认为他疯了。

"不，不是地下。它们就在那里！"

当遇到患有古怪妄想症的病人时，总会遇到故事中断、无法继续讲述或者事件没办法进一步解释的情况，所以只有让它保持原样。向正常人描述不合逻辑的、根本不可能发生的联系，只会一次又一次失败。不过对于特别怪异的妄想，人们往往很容易看出所讲的故事是不可能的，但在妄想的故事中也会存在逻辑的中断。如果有三个世界，为什么我只知道其中一个世界？我只能感知一个世界而他能感知三个世界，我们之间有什么区别？病人往往无意解释这种模糊不清的情况，他们只是讲述这些事。如果你问这个问题，你经常会听到这样的答案："但事实就是如此。"

然而，对于一些问题，汉斯·陶伯特给出了令人惊讶的答案。

"你怎么知道有这些不同的世界？"

他看了我一眼，然后视线又回到了角落，迟疑了一会儿，他说："它们就在那里，而且我还可以去访问它们——其他世界。"

然后，他凝视着我说："我是所有世界的国王！"

精神分裂症这样的疾病可能会影响到任何人，在塔玛拉·格伦费尔德的案例中，我们自问，讲述自身经历能多大程度地对症状起作用，或者至少对症状的表达方式起作用？我们发现，每种疾病总是影响一个人的整体发展，就像精神病学家克里斯蒂安·沙菲特所说的那样。但是，人格和这种疾病之间的关系又是怎样的呢？

汉斯·陶伯特声称，自己在学校里就是一个独行侠。

"我从来没有很多朋友，他们对我来说总是有点陌生。"

我问他："这是什么意思，陌生是什么意思？"

经过一段时间的思考，他回答："他们是不同的，有点像来自另一个国家，我并不总是能立即理解他们的意思，我常常以为他们想取笑我，他们也经常这样做。例如，我的名字。"

"和你的名字有什么关系？"我问。

"好吧，我的姓氏读起来像'鸽子'。于是，他们有一阵子叫我'小鸽子'，可能是因为我很少反击，但这让我很恼火。他们想戏弄我。"

然后他想了一会儿，突然笑了起来，笑得很奇怪、很生涩。他说："你在戏弄汉斯。"

如果去分析精神分裂症患者的经历，我们往往会发现他们在儿童和青少年时期就已经比较特殊，在集体中他们像个局外人或独行者。汉斯·陶伯特觉得与他人接触、建立友谊或长时间保持一段友谊相当困难。他很拘谨，不信任别人，不能迅速做出决定，但不是因为拖延症这么简单，而是因为他总是不太能确定决定的后果，而且经常做出一些负面的假设，认为这一切都是在针对他，一定会产生一些不好的后果。

如果这样的个性模式很明显，就可以认定是分裂型人格障碍。在许多研究中，发现这种人格类型在精神分裂症患者患病前经常出现。这种人格增强的状况也常不成比例地出现在未患有精神分裂症的患者亲属身上。世界卫生组织的疾病和有关健康问题的国际统计分类（第10次修订本）[ICD-10]这样描述这种人格障碍：

一种行为怪异和思想及情绪异常的疾病，看起来像精神分裂症，但是从来没有明确的和有意义的证据。会出现以下情况：冷漠或不适当的冲动、兴趣缺失和奇特、古怪的行为、社会逃避倾向、偏执或怪异的想法，但这些想法还没有发展到实际的妄想……

　　因此，精神分裂症和上文所描述的人格类型之间可能存在着某种联系。塔玛拉·格伦费尔德的例子表明，情况并不总是如此。也有许多精神分裂症患者在童年或青少年时期的人格发展完全不显眼，尽管有病在身，但成年了也是个热心肠，而且很好沟通。这两种情况是否属于精神分裂症的不同亚型，也是尚待澄清的问题之一。

　　汉斯·陶伯特在很小的时候就搬离了家，他的原生家庭没有问题，他对父母的描述总是不冷不热的，就好像他的这些经历很遥远。但他的父母陪伴他，照顾他，并在某种程度上接受了他有时表现得有些奇特的事实。汉斯·陶伯特没有兄弟姐妹，只有同龄的侄子，两家人互相拜访时，他本该和他们一起玩，但他却并不习惯。他解释说："他们很吵，总是想打架或踢足球。"

　　拜访结束后回家时，他很高兴。后来他就带着书本，以学习为借口拒绝拜访。

　　他的家庭在相处时没有什么肢体接触，不会相互拥抱，即便是小时候，他也记不起这种柔情时刻。当我问他时，他已经明显对这个问题感到不舒服了，但家庭教育里也没有过体罚、殴打或其他行为，当谈到亲人时，一切——来自双方的——都显得很遥远。

"他是一个伟大的人。"

"他戴着厚厚的黑框眼镜，而且他很严厉。"

这就是他对父亲的描述，表达有点磕磕碰碰。而他母亲的第一个特点是："她总是戴着一条彩色的厨房围裙。"

他能记起的只有外貌，不记得任何情绪化的时刻，也不记得任何激烈的讨论。家庭争端通常只是简短地讨论然后被搁置一旁，他对家庭生活的描述让我感到一阵寒意。

汉斯·陶伯特是个好学生，尤其在自然科学科目上，他的成绩名列前茅。高中毕业后，他决定学习工程学。后来，他专门研究了空调技术，并在国家机关找到了工作，主要处理审批程序。现在回想起来，他总是能找到一个空间，他能应付一切的空间，在那里也不会很凸显他的社会特殊性。他不参加学习小组，总是独自学习，因为他的表现总是很好，所以没有人注意到。他总是准时去听课，坐在后排，他能专心听上好几个小时。当其他学生去吃午饭时，他会和他们坐在一起，但总是坐在边上。如果有人跟他说话，他就礼貌而客气地回答。这样一来，他能很快从其他人的视线中消失。他喜欢这样。对他而言，吃饭能很好地过渡两个讲座。他的同学认为他是一个无聊的人，一个技术人员，但他不是一个讨厌的人，他很友好，只是喜欢独处。他从未有过女朋友，但也不后悔，他没有兴趣交朋友，对任何与性相关的东西都感到陌生，也不需要，其他同学谈到关于性的话题会让他感到不舒服。也许，对于和女孩相处这一方面，他已经有了一种早发的症状，一种酷似陌生人的感觉，他不记得自己跟任何女孩调情或接近过。我不确定他到底有没有注意过她们。

我问他："你的学习是完全没有受到干扰，还是因为不同的世界，让你已经感到不安全了？"

"学习没有问题，考试也很容易。我的学习总是很好，成绩也不会差。关于多个世界这件事，我只是藏在心里。有一次，我向我的父亲暗示了一下，但他的反应只是觉得不可理喻，所以我避开了。"

"我完全可以想象到，晚上的时候，我的父亲和母亲坐在一起，向她讲述这件事的场面。"

"那个男孩有时会有这么奇怪的想法。"

"哦，别管他，你了解他，他生活在自己的世界里。"母亲可能会这样回答。

汉斯告诉我："这一切都始于我大约27岁的时候，也许更早。即便是在我学习的时候，我也总觉得在这个世界上有一个秘密的建筑，但我并不清楚。后来，我去了埃及旅行，突然间一切都变得清晰起来。"

我很惊讶。我对汉斯·陶伯特的印象是一个脚踏实地、有点无聊、内向和不善于社交的人。他会去埃及旅行，这让我难以想象。

"你去过埃及？"

"是的，我一直觉得这个国家很有趣。我读了很多关于埃及的文章，埃及人用特殊的技术来建造神庙和金字塔。上学时，我曾修习过一门关于古埃及技术的课程，其中很重要的部分就是隐藏的秘密。当那些声音告诉我去埃及旅行时，我就知道我会在那里找到解决方案，于是就去了。"

我问他关于那些声音的问题，他告诉我，是在旅行的那一年里开始的，即使房间里没有人，他也能听到那些声音，而且它们完全不相同——女性、男性，有时还有儿童。汉斯在做事的时候，他们还会评论——就像对塔玛拉·格伦费尔德那样。他们互相交谈，通常不太友好："你一点也不懂，他一直在读关于埃及的书，但他不理解，他不明白。"

汉斯说："我很快意识到，这些声音是来自不同世界的。"

然后，他们嘲笑他。他从学校的同学那里知道，他可以很好地处理。他从未告诉任何人有关这些声音的事。

我问："但这一切与不同的世界有什么关系呢？"

"我是在帝王谷里知道的。在坟墓里，一切都写在墙上。有三个不同的世界存在。"

我接着问："你能读懂那些字吗？"

"不能，后来我试图去了解这些迹象。但那个时候——我突然明白了。这一切是如此的清晰，它们是专为我而存在的信使。

这一切都是秘密，但我发现了这一点。这三个世界被展示在墙上，每个人都能看到它，但只有我能理解它。后来我意识到，它的含义是，只有我能理解它，我是这些世界的国王。"

# 如何辨别妄想？

什么是妄想？精神病学家用什么标准来判断一个案例中是否存在妄想？

"妄想"这个词可能来自印度—日耳曼语系，在中古高地德语和古高地德语中以"wân"的拼法出现，主要意思是意见、希望、怀疑。然而，这个词在中古高地德语中表示与知识和真理相对应的意思。在16世纪，在早古高地德语语言中，这个词发展出了与现实不相符的意见或想法的含义。最后，在18世纪，这个词的含义变成了自我欺骗、固定的看法，是一种病态现象。然而，在相关的词汇中，如中古高地德语"arcwân"（怀疑），这个词就显示出了与现代意义接近的含义。

在过去的150年里，与妄想症有关的问题被专业地反复地辩论，这并不奇怪。当病人因妄想入院时，他们的经历往往是如此引人注目，以至于要被纳入自然科学关注的现象。另外两个事实更令人吃惊。第一个事实，绝不是只有精神病学家才思考过妄想是怎么一回事。思考过这个问题的，除了哲学家，还有社会学家、文学学者、电影和媒体学者、历史学家和研究大脑的研究员。更不用说还有很多诗人的见证，他们的书或诗中都有妄想症患者。在柏林勃兰登堡科学与人文科学院的《德语数字词典》中，在关键词"Wahn"（妄想）下有该词的起源和使用的说明，以及由计算机生成的与"Wahn"一词频繁组合的词表。

第二个事实，"Wahn"与"幻觉"（Halluzinationen）这个词进行联系的可能性非常大，而且很大胆（因此也很频繁）。这并不奇怪，因为幻觉和妄想很常见，而且在精神分裂症中几乎是同时出现。但是，例如，"集体的"或"亲切的"等词同样常见，集体妄想或亲切妄想这些术语在临床上几乎没有出现过。"空洞（妄想）"、"甜蜜（妄想）"和"自负（妄想）"这些并不罕见的词，也是如此，所有这些都表明，这个话题是社会性的，并存在于许多方面。

| Halluzinationen | | Kindesbefangenheit | | Mittelmaß | |
|---|---|---|---|---|---|
| Rausch | Schall | | Verblendung | | Wahn |
| Wirklichkeit | | abergläubischer | befangen | | chauvinistischen |
| eitler | erlegen | | großdeutschen | | großserbischen |
| hellen | hineinsteigert | | hingeben | holden | |
| Kollektiven | | krankhaften | | leerer | mörderischen |
| nationalistischen | | | paranoiden | | religiösen |
| süßen | verfallen | | verfällt | | völkischen |

**柏林勃兰登堡科学与人文科学院：德语数字词典**

除了在极其不同的社会背景下出现，同样令人惊讶的是，尽管很多专家长期以来一直专注于研究妄想这个主题，但基本问题仍未得到解决。

第一，目前还不清楚，妄想症患者对世界的错误看法，健康人的错误信念，这两者间是否只有程度或原则上的不同。我们每个人都会犯错误，得出错误的信念，这并不罕见。妄想症患者究竟是犯了错，还是他们对世界的错误判断？本质上是否不同？妄想与犯错之间是否存在一个区域，或者健康的人犯错和病人的妄想之间是否有一个绝对的区别？

第二，导致妄想产生的不同原因，是否也会导致同样的病症，这一点也完全不清楚。难道高烧引起的妄想，与荷尔蒙失衡引起的妄想，或因脑出血而引发的妄想，它们不是完全不同的吗？事实表明，确实存在完全不同类型的妄想症，由不同原因引起，只要它们能被识别。然而，是否存在一种共同的核心，所有不同形式的妄想症都有？还是我们谈论的是完全不同的病症？是否有必要每次都把病症归为妄想症，并且从众多的可能性中分辨出我们指的是哪种妄想症？

第三，我们会了解到妄想是一种思维内容障碍。然而，妄想是否总是关于观点看法的，即思想，或者情感、态度和妄想需求的，这些尚未确定。一般来说，妄想症是不是只存在头脑中，即思想中，或者身体在妄想的发展和维持中是否也起作用，这一点还不清楚。

第四，人们也许可以把它称作最重要的不确定性，这也与上述三个问题有部分的联系。我们不知道妄想症的病因，但我们知道一些引发的机制。例如，发烧会引发这种状态。但即使如此，我们也不完全清楚它的情况，例如，为什么在有些人身上会发生这种情况，而有些人却不会。①

鉴于所有这些概念上的模糊性，令人惊讶的是，在大多数情况下，有经验的临床医生能相对更容易识别出妄想症的存

---

① 哲学家珍妮弗·拉登（Jennifer Radden）在她的《论妄想》一书中列出了关于妄想的这四个基本问题的模糊之处。当然，还可以增加其他的问题。

在。研究表明，不同的专业人员对妄想症的诊断有很高的一致性（interrater reliability），这可能也表明了类似妄想症的核心是存在的。类似于妄想症这种现象的核心是存在的——或者说是经验——即所有类型的妄想症都有相同点。

在现代精神病学教科书中，可以读到今天对妄想的诊断方法。精神病学方法和文献工作组（Arbeitsgemeinschaft für Methodik und Dokumentation in der Psychiatrie）对它的描述如下："妄想症是在经验发生普遍改变的基础上产生的，它给人的印象是对现实的错误判断，这种判断是根据与经验无关的确定做出的，并且主观肯定地坚持下去，即使它与现实、其他健康同伴的经验以及他们的集体意见和信仰相矛盾。"在目前所有的教科书中，都有类似的说法，在课堂上教师也会相应地向学生传授以下判断妄想症的标准：

1. 主观的现实观念。

2. 不合理的反驳，并教条式地坚持这种观点。

3. 先验的自明性，这一点可以作为判断标准。这意味着，主观上的确定性是在没有证据的情况下产生的，甚至被认为是完全没必要的。

4. 克里斯蒂安·沙菲特还强调，作为第四个重要标准，妄想是一种决定生活的真实观。

我们将看到，这些定义是基于对精神病学家、哲学家卡尔·雅斯贝尔斯（Karl Theodor Jaspers）教科书中的观察。以这个定义的个别方面为基础，我们想更接近妄想症的症状。在这样做的过程中，我们会看到许多事情并不像那些听起来很有学术价值的定义那样清晰。我们会遇到上述的问题以及其他尚未解答的妄想症问题。当然，我们也会对我的四个病人有所了解，甚至对我们自己有所了解。

# 哲学和红血球

现在，我们身处1912年，在海德堡大学精神病医院辛勤工作的志愿助理卡尔·雅斯贝尔斯，坐在这座令人印象深刻的建筑的地下室书房里。天黑得很早，天气也很寒冷，今天是个晴朗的秋日，老房子的外墙在背景中显得格外醒目。然而，在过去的几天里，潮湿的雾气在小巷中反复徘徊。而外面，树叶已经变得五颜六色，鸟儿成群结队地往南迁徙。卡尔几乎没有注意到这一点，因为他完全沉浸在工作中。一年前，他接受了一项光荣的任务，撰写一本关于精神病理学的教科书。在28岁的年纪，这是不寻常的，但最近几年他用几部科学作品吸引了人们的注意。他的博士论文《思想与犯罪》（*Heimweh und Verbrechen*）被授予了最高分，在1910年至1912年间，他还写下了其他重要的作品。这个年轻人引起了人们的注意。关于编写精神病理学教科书的任务以及他相应的心理状态，他后来写道："我已经出版了一些作品……在那些人看来，他们似乎有了理由可以对我抱有某种信心。我被吓了一跳，但马上有了动力和旺盛的精力，至少要先把事实依据整理好，并尽我所能去促进方法意识的形成。"于是，他一有空就捧着书阅读。但是如今，他无法长时间地集中精力工作，至少有以下两个原因。

首先是因为他年轻的妻子格特鲁德（Gertrud Jaspers），他们1910年结婚。那时候，卡尔没有任何收入，但即使他们没有收入，父母的年金也能保证他们的生活。健康因素是他不得不停止写作的第二个原因。他从小身体就不太健康，出生的时候呼吸系统不太正常，晚上会严重咳嗽，他的呼吸道充满黏液，经常感染，而且人们普遍认为，他的身体非常虚弱。在后来的手稿中，卡尔写道："我从小就有器质性疾病（支气管扩张和继发性心力衰竭）。"慢慢地，正如他后来写到的那样，他学会了遵循自己的生活方式，虽然这并不"遵循健康人的正常生活方式"。"如果我想工作，那么我必须敢于做有害的事情；如果我想活着，我必须遵守最严格的秩序，同时避免有害的事情。在这两者之间，我失去了自我。"例如，在学习期间，他通过"适当逃学"来缓解自己的压力。无论如何他已经冒险做了太多危险的事，他必须结束这一切，踏上归途了。

因为他的病，在完成医学研究、精神病学和神经学的实践年后，他才得到一份志愿者助理的工作。除此之外，他还被免除了正常工作时间的义务，不必再上夜班。他可以选择自己想要治疗的病人，还可以参加所有的活动、临床查房、病例介绍和同事圈中的私人科学讨论。这种巨大的自由，来自于不领取任何薪水。他不能住在医院里（像正式的助理一样），不能加入医生们的集体用餐，这让他很难过。他之所以能得到这份工作，是因为海德堡精神病院院长喜欢他的博士论文，他觉得这个年轻人有很好的研究思路。

尽管如此，在很长一段时间里，当时已颇具盛名的海德堡精神病院院长弗朗茨·尼氏（Franz Nissl）和卡尔有些矛盾。有一次，这位年轻人有些急促地要求，必须要清楚地、可再识别地对病人的症状进行描述。要做到这一点，就必须知道是什么理论、怎么"理解"、用什么方法，而要做到这些，就需要哲学。尼氏干巴巴地回答说："真可惜，雅斯贝尔斯这么聪明的人，却满口胡言。"当卡尔接着说，那些从事精神病理学的人必须先学会动动脑子时，高级医师办公室的一位同事带着友好的微笑，而其他人则直接表示："真想打雅斯贝尔斯这小子一顿。"

而那个时候他们无法预料到，这个卡尔·雅斯贝尔斯有一天会成为20世纪最著名的哲学家之一。热心的卡尔现在也还不知道这一点，第二天他又开始了他的精神病理学图书的编写工作。

卡尔写道："古往今来，妄想症被认为是精神错乱的基本现象，和精神失常、疯癫是一回事。妄想症是什么，确实是心理病理学的一个基本问题。妄想是一种原始的现象，我们的第一个任务是了解它。"

20世纪之交的那几年是精神病学的一个多事之秋。雅斯贝尔斯传记的作者汉斯·萨纳（Hans Saner）将当时精神病学描述为"没有统一科学体系的临床经验主义"。现代精神病学的创始人之一威廉·格里辛格（Wilhelm Griesinger）将精神疾病定义为大脑疾病，埃米尔·克雷佩林将精神分裂症命名为早发性痴呆。西格蒙德·弗洛伊德（Sigmund Freud）开始用他关于精神动力学联系的想法来启发精神病学，厄根·布洛伊勒（Eugen Bleuler）描述了一组精神分裂症，并将弗洛伊德的想法纳入临床实践，恩斯特·吕丁（Ernst Rüdin）提出了病态遗传倾向是精神疾病的一个诱因的结论。"在整个科学中，存在着解剖学、生理学、遗传生物学、分析学、神经学、心理学、社会学夹杂的混乱，有时以理解的方式向人们呈现，有时以解释的方式。此外，经历了理论的形成和理论的遗忘，不同术语的使用，各种方法的涉猎，但还是没有看到它们的局限和联系。"

后来，雅斯贝尔斯本人对这种情况做了如下描述："在德国的精神病诊所里，大家普遍认为，科学研究和治疗已经停滞不前。……每个学校都有自己的术语，人们似乎同时使用好几种语言，而且每个诊所的行话都有差异。"他针对这种停滞不前的情况撰写文章，系统地总结现有的知识，并且在奥地利哲学家胡塞尔的现象学影响下，建立了描述性精神病理学的独立主题。

顺便说一下，他在谈到他的上司时，也表现得非常尊敬。

"医院的负责人是尼氏。他是一位优秀的研究人员，是一位脑组织学家。……他的自我批评给我留下了最深刻的印象，在工作中他总是抱有大胆的期望，认为精神病患者的认知可能是科学的，但他也坚定不移地认为，与期望不一致的事物是存在的。"雅斯贝尔斯会如何评价今天遗传学家和影像研究人员的"大胆期望"？然而，对尼氏的评判是极其积极的，但主要是出于其他的原因。"这位研究人员对病人和助手都很仁慈，作风严肃，性情暴躁，做事无比认真、有计划。"尽管受到了殴打的威胁，他对同事的判断也是毫不含糊的："他们是一群被精挑细选出的医生，在医院里都围着尼氏工作。曾有一个助手犯了错，因为他还没有适应这里的工作，且违反了不成文的规定，但他还是被接受了。大家都很包容，如果一段时间后他消失了，也没人会觉得他很傲慢。"

尼氏本人对他的年轻同事持保留意见，即使在当时，他更像是一个哲学家，而不是一个医生。然而，他的博士生论文说服了尼氏。有一次，雅斯贝尔斯代替同事接管了综合医院，并在与尼氏的会面中，精确地描述并总结了一个病人的心理病理情况，这让尼氏印象深刻。另一方面，他把卡尔前几周在图书馆的研究所中的定位计划说成是"胡闹"。尽管如此，他还是给了这位年轻助手充分的自由，并饶有兴趣地听他讲课，这种未知的状况立马引起了人们的兴趣，人们预感这个变化非常重要。一天早上，雅斯贝尔斯因为生病而迟到了，推迟了尼氏的拜访。尼氏对他说：

"雅斯贝尔斯先生，你的脸色好苍白，你做了太多的哲学工作，红血球可承受不了。"

雅斯贝尔斯的《普通精神病理学》是精神病学最重要的图书之一，其中许多内容今天仍旧有效。他最终成为一名哲学家，这可以追溯到一些巧合。当时，心理学在海德堡还不是大学里的独立学科，因此他只能在哲学系教授普通精神病理学。1913年12月，他获得了大学任教资格，并举办了心理学方面的演讲。结束授课后，他仍作为志愿助手与尼氏一起在精神病学领域里工作。然而，不会有人再谈论起任何和红细胞有关的事；显然，哲学没有损害他太多的红细胞。

## 妄想的标准

在谈论对妄想症的评测时，第一个常用的标准是：错误的观点、信仰。患者相信毫无意义的东西，他们确信自己正在受迫害，但完全没有证据。例如，他们坚信，隔壁公寓的邻居晚上会通过前门的缝隙传递神经毒气，慢慢毒害他们。然而事实是，邻居是税务局的员工，甚至不认识他们，当然也不想对他们造成任何伤害。妄想症患者却对此深信不疑，并将门窗的缝隙封死。

雅斯贝尔斯已经对这个标准表示了反对，妄想是什么，这个问题"只能从外部来回答。如果人们把妄想症称为一种不可纠正的错误想法，是错误的，我们就不该希望用一个定义来迅速解决这个问题"。

首先，很明显，我们的信念有误与否，并不能成为判断妄想症的充分标准。即使作为正常人，我们也常被误解，这是发生在直接感知的层面上，正如我们在视觉错误中认识到的那样，除此之外，我们对世界和自己地位的判断常常是错误的。但是，错误是什么意思呢？在日常生活中，我们用它来描述现实中的客观事实与我们对它的判断之间的差异，众所周知2加2等于4。如果我认为2加2等于5，那么我肯定算错了。在生活中，但也有更复杂的错误，虽然我们可能无法准确地反驳这些错误，但这些想法如此荒谬，以至于我们可以很肯定这是一个错误。另一个例子是有人相信人在这个世界死亡后，会在另一个世界里继续生存。这种观点根本无法反驳，因为它仍在信仰和意见的范围内。

对现实的概念在评估妄想中起着重要作用。"妄想发生的经验是对现实的体验和思考。"卡尔·雅斯贝尔斯在其教科书中写道。那么，妄想的一部分就是对现实的误判；它们也被称为世界经验中的空白。作为一个高水平的哲学家，雅斯贝尔斯试图在这种情况下找出对现实的理解。

第一个识别：现实是我们亲身感知到的东西，我们利用了我们的身体。这也符合目前的研究，它被归纳为**"具身化"**一词，这一概念来自现代认知科学①。据此，意识并不与身体分开存在，而是需要与身体进行物理互动。

仅在大脑中发生的抽象意识，这让人难以想象，我们对现实的体验总是有身体的体验。心理活动总是受到身体接触的影响，反之亦然，并延伸到一些隐喻性的描述。例如，我们在大脑中感受到的幸福真的是幸福吗？它真的存在吗？心如鹿撞，这种感觉是否属于一种幸福，还包括与这一想法相对应的一些生理反应吗？"具身化"这一理论在逻辑上假定，妄想症也是锚定于身体上的干扰，或者更准确地说，是对身体功能的感知的干扰，我们将在后文中自我失调的背景下回溯这个观点。

现实是什么的第二个标志，雅斯贝尔斯在**存在的意识中**为现实命名，这听起来是哲学上的囊括。他的意思可能是，每个人都在现实中拥有一席之地的这种感觉，或者更确切地说，是指每个人的确定性，是指存在。例如，他描述了这样一种状态：我们用身体去感知，却有一种异化的感觉，而且受此影响的病人偶尔也会向他人讲述，他们周围世界的奇怪变化或对自己人的不熟悉

---

① 除了对妄想研究的重要性，"具身认知"在社会心理学、知觉心理学、社会学、民族学、教育学、人工智能研究等方面也发挥着重要作用。粗略地概括，这一切都是关于这样一个事实，即意识和行动只能通过整个人——尤其是他的身体——与环境、外部世界的对抗来理解。这个外部世界（现实）不是仅存于某个地方，然后，人们要尽可能地在环境中创造出一个现实的形象，例如通过感觉受体或调整记忆内容（早期的感知），在其中找到自己的定位；相反，可以称为现实的东西，是通过人类与其环境的相互作用以及对其产生的印象的处理，而不停更新的。

感。人们不再确定自己的身份，或与环境失去联系。根据雅斯贝尔斯的说法，这些人失去了对现实的意识。

最后，较为容易理解且很有启示性的是现实的第三个特殊性。雅斯贝尔斯写道："真实是我们抵抗的东西，"他接着说，"抵抗是我们的计划在实现的道路上遇到的障碍。顶着阻力实现目标，以及因为阻力而失败，就是现实的体验。

"每当我用身体去感知，并在被视为现实的世界中确信自己存在时，每当我在面对阻力重新感受自己的存在时，我是在处理我们称为现实的东西。在此背景下，我们可以明确，当我们把妄想理解为出错了的时候，为什么是错的，是因为它改变了现实的体验。"

然而，想要评价它是一个微妙的问题。精神病学家克里斯蒂安·沙菲特是经典著作《普通心理病理学》的作者，他批判性地指出，当我们把某种经验称为妄想时，往往利用了许多隐含的、未被反映的规范性想法。奇怪的、不真实的甚至难以理解的，这往往会导致对妄想症的诊断，这是一个微妙的标准，因为它给评估者留下了"很大的余地"，会导致错误的判断。如果我把一些东西标记为错误的概念并可能在诊断上使用它，我就必须确定什么是正确的以及什么不是妄想症。"但专家所说中隐含的自我定位，即他知道什么是对的、什么是错的，这个观念本身就接近于与妄想类似的自我归类。"

对于判断妄想症的第一个标准的看法：妄想远远不只是一个错误，一个对现实的错误判断。对此妄想症患者所犯的错误——如果它真的存在——并不是绝对的，而是必须与他所处的社会，这个社会里的集体信仰和意见对比起来看待。在这个意义上，克里斯蒂安·沙菲特总结得很谨慎，并暗示这其中也有一些"但是"。

"这个提法对我来说似乎很有用：妄想是一个主观、个人的，自我和世界脱离了社会结构而形成的共同体，这样的后果是功能障碍和衰弱。"妄想症患者对所发生事情的判断与他所处的社会环境有强烈的偏差——对现实判断的巨大改变将他从这个群体中剔除，使得他被孤立了，从而大大地限制了他的生活方式（功能障碍）。

雅斯贝尔斯并没有说到错误的认知，而是说到"内容上的不可能性"。他在《普通精神病理学》中对妄想标准的著名描述很完整：

> 妄想被含糊地称为所有伪造的判断，这些判断在一定程度上具有以下外部特征——没有绝对的限制：
>
> 1. 坚持非同寻常的信念，且具有无可比拟的主观确定性。
>
> 2. 不会被经验和令人信服的结论所影响。
>
> 3. 内容上的不可能性。

将"内容上的不可能性"作为最后一个标准提及，并非巧合。这是最弱的标准，只适用于个别形式的妄想。如果病人有受迫害的错觉，那么内容的不可能性就不是决定性的标准，因为如果存在被迫害的可能的话，没有任何迹象是不太可能的。但如果我们把这个标准扩大到不太可能发生的情况，我们就会像踩在脆弱的冰面上。一件事要有多大的不可能性才能被视为不可能？谁来决定，根据什么信息来决定？内容上的不可能的标准，只能帮助我们解决非常怪异的妄想。

另一方面，主观的现实观是判断妄想症患者的真实观的一个更具特点的标准。这可能令人惊讶。即使是在健康的人的经验中，不也总是有固定的信念吗？我认识很多人，他们没有妄想症，但他们有时会相信在我看来很奇怪的事情。当然，这有多主观，取决于人的个性。但也有一些顽固的人，即使他们不再真正相信某种观点，也还会坚持它，这些让人无法接受的"右翼分子"是存在的。但这不必研究得这么深，我们都有关于世界和自己的固定想法，这甚至才是一个健康的人的特点，我们不会经常去怀疑，而是按照惯例来说，我们知道情况如何。这往往也适用于那些无须检查我们的看法是否正确的事情或情况。

而妄想症患者主观的真实观却又是另一番景象，而且往往引人注目。他们根本就不是"右翼分子"，也不希望拥有最后的话语权，甚至不会去争论他们的妄想观点是否正确。相反，他们非常确信它是正确的，假设有人声称，德国的冬天一般比夏天更暖和，你会和他争论吗？也许你会惊讶地问他，怎么会有这样奇怪的想法，但是没有理由去争论，因为冬天比夏天更冷，都不需要去看气候图、做任何研究就可以得出结论，对妄想症患者来说，一定就是如此。汉斯·陶伯特相信有三个世界，他的观点和正常人直接且明晰的观点是很相似的，他知道，事实就是如此。

有一种妄想理论认为，只有自己的心理状态是事实，且能以绝对的确定性和先验的证据来体验。如果我的胃痛，那么我的胃就会痛。这一点不需要证据，也不可能说服我放弃，因为我能直接体验到痛苦，关于胃是否真的会痛的问题，在我们看来是无稽之谈。因此，我的这种感受是无法纠正和确定的。人们认为，患妄想症的人有一个基本的障碍，那就是他们把这种立即知道的、无法更改的经验应用于可客观化的外部事实中。这个理论背后的想法是，我不能像胃痛一样，以无法更改的确定性来体验我被迫害的事实（即使这应该真的是事实）。第一种说法（我在受到迫害）指的是外部，如果有必要，也可以由他人来客观地进行评价。另一方面，肚子疼指的是不能被客观化的内在方面。用于内心状态的固有确定性被错误地应用于（外部）事实，这一事实被认为是妄想症的基础症状。

再次谨慎地划分健康人的一个特点，就是他们能过渡。这个词是用来描述一个人改变参照系的能力①。健康的人通常可以理解，他们所认为的东西可能是另外一个样子的。因此，虽然他很

---

① 历史学家克劳斯·康拉德认为，"无法过渡"实际上是妄想的特征。对于那些受影响的人来说，这意味着他们的观点处于自身思想和经历的中心，不可能再采用其他人甚至想象中的中立第三方的观点。"过渡的反思能力"是人类与动物的区别。

难迅速改变自己的想法，但还是可以在一段时间内把自己放在另一个角色上。健康的人可以进入这样的次要现实，然后再随时从次要现实向日常现实进行所谓的过渡。如果有人一开始就觉得童话故事只是胡说八道，一切都是虚构的，那么他很难从阅读中获得乐趣。我们能获得享受的那部分是，阅读时，我们可以想象故事发展就如书中所写，我们可以身临其境，去往童话世界；读完后，只需切换回日常生活和现实，且理所应当地明白这只是一个童话故事即可。偶尔，在精神病学中，过渡的能力也被称为"哥白尼式转向的能力"。健康的人也可以从不同的角度来看待他们生活中发生的事情，即使他们最终回到了他们固有的，有时甚至是僵化的观点，他们原则上也能够进行这种哥白尼式的转换，即过渡。

但是有明显妄想症的病人做不到这一点，他被困在自己的现实观中，很难改变自己的观点，令人惊讶的是，即使当他们在日常世界中遇到许多矛盾，情况也是如此。他们不认为这些矛盾是这样的，或者不从这些矛盾中得出任何与行动有关的结论。汉斯·陶伯特确信他是世界之王，是所有生命的守护者。然而，他只是坐在我面前的一个病人，在精神病院里接受治疗，服用为他开的药物。厄根·布洛伊勒把这种几乎不受干扰的矛盾与现实的共存称为**复式簿记**。他是这样描述这一特殊现象的：在精神分裂症中，"病态事件……并不会取代健康事件"，"而是与它们同时发生"，"与现实的矛盾通常根本感觉不到"。

我们后面会看到，早期（太早）的意义设定是妄想的一部分。有人在街上看到某个有妄想症的人，于是这个妄想症患者得出结论，这些人对他有想法，这些目光都是不怀好意的。妄想者不可能从可能的次要现实（"他们看我是因为他们对我有阴谋"）切换到日常现实（"这些眼神不全是针对我的，和谁擦肩而过都是随机的"）。别人肯定对我不怀好意，这个想法占据了上风，成为唯一的、不容置疑的现实。即使他向别人倾诉，并且其他人也鼓励他改变自己的想法，妄想症患者也不能克服它，这种无能为力也是他经常根本不争论的原因，他没有任何选择，只能这样去感受实物，甚至觉得没必要向自己解释这种错觉。

在妄想症的产生和消逝的两个阶段，主观的世界观不是绝对的。当对妄想的确定性降低时，怀疑感会重新出现，这是妄想症消逝的一个标志。这时，病人又能够（至少在某些时候）接受不同的观点。如果还在消逝过程的最初阶段，那么他们很快就会切换回他们妄想的现实，但观点已经被怀疑过一次——这对临床医生来说，已经是疾病改善的标志。

除了主观的现实观和僵硬的信念，第三个判断妄想的标准是先验的自明性，也就是卡尔·雅斯贝尔斯所选的词：**无法比拟的主观确定性**。这一标准与僵化的现实观密切相关，正因此，无可比拟的确定性看起来似乎并不显眼，却以一种奇怪的方式成为妄想感的特征。妄想症患者不解释他们对妄想情况的认识来自何处，不需要证据来支持他们的（妄想的）现实判断；事情就是如此。对于病人如何知道他们正在受到迫害（受迫害的错觉），或医疗保险公司不会支付他们的账单（贫穷的错觉），或他们是世界的统治者（伟大的错觉）的问题，最常见的一个答案是："就是这样！"妄想中的事件往往还伴随着声音幻觉，对患者来说，有如此直接的证据性，不需要解释，甚至没有必要解释。继续用上面的例子，这些提到的问题对病人来说是显而易见的，就像在欧洲冬季比夏季更冷一样。有时，病人努力描述的发生在他们身上的事情是非常生动的。至少塔玛拉的情况是这样，她非常努力地向我描述发生在她身上的事情，尽可能详细，但她从未想过去解释这一切发生的原因。她觉得事情就是如此，这都是她的亲身经历。

要解释在妄想中发生了什么奇怪的事情，在某种程度上预示着对事件的这种不可能性的洞察，或者至少是对事件误解的可能性。这种误解的可能性可能就是所谓的动机，为自己的经历辩护，反对这样的可能性。但是病人无法完成这种过渡。他们有先验证据的经历，是无条件存在的，所以无需证据。

主观的真实观和先验证据的经验结合起来，就顺理成章地导致了反证不能被接受。我们向一位患有贫困妄想症的病人出示了医疗保险公司的信，信中保证他们会承担住院费用，病人一秒钟都不信，他认为这封信很可能是伪造的，或者医疗保险公司只是在演戏，以后会收回，他们最终不会付钱，而她会被这些费用毁掉。她就是这样认为的。

主观的现实观、无法过渡、先验经历以及对反驳或证据的抵制——所有这些与不确定、怪异的甚至是不可能的想法结合在一起，它们是如此的有特点，以至于专家可以以惊人的高度准确性诊断出妄想症。我们甚至还没有触及最重要的标准之一，特别是克里斯蒂安·沙菲特制定的标准。这对病人来说具有重大意义，病人对现实的判断是主观的，这也与此相关。为了更好地理解妄想的最后一个标准，让我们先看看那些有与众不同想法的人所处的边界地带，他们往往很自然地持有这些想法——但这些可能不是妄想。只有当我们接受妄想与正常人的这种经验相近时，最后一个标准才会起到决定性的界定作用。

# 妄想的极限

在塔玛拉的经历中，妄想的特征很容易被识别出来。一大群人生活在一个人体内，还有工厂、城堡和漂亮的家具，这些想法当然是主观的真实观。即使我们不能看到她的内心，即使我们不能检查她想法的真实性，但我们还是会认为她描述的经历有违常识，是完全不可能的。她不是在开玩笑，只是在讲一个隐喻的童话故事，这证明她试图让我理解这个故事的严肃性。她不需要任何证据来证明她的经历（几乎不可能有任何证据），她就是这么肯定。我们不可能说服她相信这些事没有发生过。妄想的所有标准都清楚地得到了满足：主观的现实观，对经验教条式的肯定，先于经验的自明性和决定生命的现实观。

汉斯·陶伯特的情况也类似。他的主观真实观很明显。几乎没有一个头脑正常的人会觉得在世界的不同层次中徘徊，发现平行世界是可能的。这种怪异的妄想，通常在精神分裂症疾病的背景下发生，很容易识别，甚至通常能被外行人识别出来。

然而，在妄想症的边界，我们发现了理智的世界观的边界。在人们从世界观中体验到的清晰、理智的概念与易识别的、疯狂的妄想之间有一个难以理解的黄昏地带，一个阴影之地①。这也在实践中引发了问题：是否存在妄想？这仅仅是一个所谓的**超值理念**的问题吗？或者说，也许其中有一些离奇的想法，但是它与妄想无关？

通常情况下，我们生活在一个圈子里，里面的人有着共同的世界观，就像我们一样。我们有共同的文化观，并倾向于和我们相似的人接触，因为这样我们就能更好地理解他们。

人们往往低估了有多少人对自己和世界怀有非常奇怪的想法。当然，我指的不是精神病院的病人，也不是卡亚波印第安人，一个基本生活在亚马孙雨林中的民族。他们对事物的看法和解释与我们不同，这并不令人惊讶。另一方面，一项较早的研究表明，英国25%的成年人相信鬼魂的存在，几乎一半的人相信两人之间可能可以进行思想转移。我不相信在这项研究发表后的28年里，这方面发生了什么重大变化。这也不是一个只出现在英国

① "阴影之地"一词来自德国诗人约翰内斯·波勃罗夫斯基（Johannes Bobrowski）。1962年，他出版了一本题为《阴影之地的河流》的诗集，对后来许多诗人产生了影响，其中他描述了梅梅尔周边的风景。我喜欢用这个词来描述理性清晰和易辨认的精神错乱之间无法清晰识别的区域。

的现象。

1997年，阿伦斯巴赫公共舆论研究所对来自德国的2028人进行了一次全面的调查。调查发现，有32%的受访者相信天使。而在1956年类似的调查中，这个数字为12%，两相比较，有显著的增长。受访者还表示，他们的意思不仅是在隐喻或寓言的意义上，而是相信这种更高层次的生命是实际存在的，例如个人守护天使。其中42%的人觉得在他们生命中的某个时候，这位天使保护了他们。当被问到除了是天使还认为是什么时，41%的人说他们相信这是特定的人群拥有超自然能力，32%的人认为有一些人有超自然的能力，例如能够看到未来。在如此多的非理性思维下，在所提供的这些可能性中排在第一位的是，相信这是人的优点（59%），可能会让人放心。

最近的一项研究显示，从普通人中选出研究的359人和78名学生在测量精神病态度的量表上的得分常常偏高。被问到的问题有："你觉得别人能读懂你的思想吗"，"你觉得你受到其他力量的影响吗"。如果答案为"是"，这时当事人必须说明他们的痛苦程度，他们有想到这个问题的频率，以及他们对这个问题的确信度。然后再根据这些信息计算出一个分数，学生取得的分数普遍比其他受访人群高。然而，在这两组人中，只有少数人（12%和2%的学生）表示他们没有任何不寻常的看法。有不寻常的看法，当然不等于有妄想经历。然而，这项研究和其他很多研究表明，以科学知识为基础的理性对待世界以及深思熟虑地去看待一个人，是一个很难达到的理想状态。

神秘顾问的流行就有力地证实了这一点。例如，人们可以参加天使灵气研讨会，了解"来自更高维度的能量"，并练习"与我们闪耀着光芒的守护者取得联系"的方法。比如说，在那里你能发现这样一句话："天使的灵气可以温和地清洗粗糙或者精致的身体，溶解能量障碍，进行转化。"唯一的问题是，一个人能够转化到哪里？

2016年11月13日，明镜在线（德国最大的新闻网站）的一个专栏报道了之前的某些美国总统的奇怪想法："富兰克林·罗斯福害怕数字13，并且厌恶星期五。约翰·亚当斯认为，地球内部可能是空心的，而且认为这个理论非常可信，因此授权对地球内部进行考察——然而从未实现过。吉米·卡特在成为总统之前，曾经提交过一份关于看到不明飞行物的正式报告。而罗纳德·里根和他的妻子南希，在主政白宫期间不断向占星师请求意见。这些美国总统在任期内的迷信活动非常丰富。"

这种非理性思维的轻度形式是很普遍的。如果一只黑猫从你身边经过，你可能会有一种恶心的感觉。当然，只有当它从左到右经过（"带来坏事"），而不是从右到左经过（"带来成功"）时。或者说，羊怎么样？你是在左边看到它们（"运气会向你招手"）还是在右边看到它们（"倾向于发生坏事"）？有的人在这种情况下，会沿着路再开回去，这样羊群就会在另一边，厄运也会在另一边。我们中的大多数人不会很坚定地相信这种关联性，并且觉得路上的黑猫和我们的个人命运没有什么关系，只要我们注意，不把它们撞死就行了。但很多人还是会有点儿不好的感觉，难道它对我们来说真的不意味着什么吗？

2017年1月的星期五，瑞士媒体《阿尔高报》发表了来自不同国家的13个奇怪的迷信事件。例如，在日本，当看到一辆灵车时，要把拇指（因为拇指代表父母）藏起来。为什么？因为邪灵喜欢在灵车附近徘徊，为了不让它们从拇指指甲下溜走，去家里对你的父母做坏事，人们宁愿把拇指藏起来。

另一个例子是韩国的。夏天的时候，晚上相当热。然而，几乎没有韩国人会开风扇，因为大多数人都相信存在着一种神秘的风扇鬼魂，如果你睡着了，不注意的话，就会带来死亡。

俄罗斯人认为，如果不想招致灾难，就不能隔着门缝或者其他门槛传递物品，也不能握手打招呼。

暴躁思维、阴谋论、寻找恶魔的神秘意义、魔力思维、迷信以及类似的现象，所有这些并不只是偶尔发生①。相反，人们似乎愿意这样认为，这样的想法主导了人们对世界的看法。在狂热主义、僵化的意识形态或极端正统的环境中，人们的教条式的理念和奇特的想法有时就像妄想一样。

许多与世界和自我有关的观点都不是很理性，他们形成坚定

---

① 例如，弗里曼2007年报告说，至少10%—15%的普通人群经常基于对世界的焦虑不信任态度发展出偏执的想法。

的信念，即使有合理的反驳，也不会放弃。而且它们还是基于一种没有任何证据支撑的信念，例如星座，它很接近通常适用于妄想的标准。然而，人们可以提出问题，对于被如此多的人共同信仰的非理性信念，它们是否仍然符合主观的真实观判断的标准？因此，作为一项规则，人们可能会得出这样的结论：尽管这些是对现实的离奇看法，但仅仅是部分的，所以它们并不是妄想。在这种情况下，妄想的边界是模糊的，如果做出了诊断，就必须始终严格地去质疑它，要警告那些对特殊世界观进行草率的病理诊断。

如何区分是健康人古怪、奇怪的想法，还是可以用临床知识诊断的妄想，这个问题，一直是精神病学实践中临床医生的难题。几乎所有经典的精神病学教科书都对这方面进行了讨论，对于那些可能没有妄想症，却有奇怪想法的人，人们究竟该怎么办？或者你如何判断那些人只是完全陷入奇怪的想法，无法从中脱离出来，以至于他们的整个生活都被主宰了？我们会遇到这样的情况，例如，发明家狂热地追求一个想法的实现，带着强烈的情感，可以说，他为这个想法奉献了一生，尽管研究界的其他人认为它是无稽之谈。

然而，有时固执这种品质也会导致杰出的创造发明。例如，阿尔伯特·爱因斯坦改变世界的观点与当时的物理学专家的看法完全相反，因此，在相对论发表整整两年后，人们才意识到了它的重要性。要坚持自己与主流相反的想法是正确的，这需要很大的毅力。虽然爱因斯坦有一个能获得诺贝尔奖的想法，但在这之前很长一段时间里，他没有得到任何学术上的认可，还把他捆绑在伯尔尼专利局的工作上。阿尔伯特·爱因斯坦的固执最终让他在全世界获誉。然而后来，因为他坚信自己的观点，他被孤立了。众所周知，爱因斯坦无法接受物理学的最新发展。新发现的量子物理学定律不符合他的世界观，他坚决反对，因此导致自己在科学界被孤立了，尽管他现在是世界上最著名的科学家，但在他任教的普林斯顿大学流传着这样一个传闻：最好不要和爱因斯坦一起工作。就连他提交的一篇文章都被一家物理学杂志给拒绝了。很少有一个人的个人经历能像爱因斯坦那样清楚地向我们表明，一个人对观点的坚定追寻是如何创造出巧妙的发现，但同时又导致了顽固的孤立。

在受到创伤的人身上也会出现奇怪的、僵化的想法。例如，在被强暴或是亲属被谋杀后，人们会认为施暴者背后藏着阴谋，并且会投入大量的精力去揭穿它，尽管所有的调查结果都与此相反。对某些事实做出超出寻常评价的观念，在英语里被称为超价观念（over valued idea），它被描述为一种由强烈情感驱动的信念，一种可以从受害者的个性和命运中领会到的冲动，这种冲动促成了一种狂热的想法，并且将这种想法错认为真实。

根据不同的作者的看法，这种超价想法应该与妄想严格区分开，因此，它们不属于妄想必要的初步阶段，相反，它们更接近于正常的经验，而不是妄想。因此，情感上有超价想法的人，他们的边界是比那些强大的、顽强追求自己想法和目标的人的边界要小的。然而，有超价想法的人总是给人这样的印象：他们把精力投入到没有太大意义的事情上；他们认为有些事情是正确的，并且竭力模仿一些听起来相当无意义的事情。经历过的磨难往往是一种动力，促使人们顶着压力依然去追求自己的想法，并忍受众多的不公和敌意。偶尔，有超价想法的人在别人看来是有趣的，因为他们因目标明确而产生的这种能量是振奋人心的。然而，大多数时候，当事人周围的人会将这种坚持不懈、狂热追求某些想法的行为排除在外。超价想法往往会带来争吵、固执己见，如果这些想法与自己的身体有关，就会导致疑病症。然后，他们就会成为狂热分子、宗派主义者、狂热的信仰者，表现出的特征并不完全让人喜欢。

有超价想法的人往往不会去治疗。他们很少有痛苦的压力，源于自身或家庭环境的压力是如此之大，以至于不用向心理医生征求意见。第一步是要对妄想的诊断进行仔细的划分，之后可以采用心理治疗的方法。然而，超价理念的诊断地位仍不完全清楚，它是介于妄想和正常经验两极间的假想线上的一个中间位置，或者说可能是一种和实际妄想有明确分界的正常表达的变体。

我们推迟了关于妄想最后一个标准的讨论，首先谈了边界区域，即阴影之地，因为妄想的最后一个特征能更好地说明：健康的（尽管有时有点奇怪）经验与妄想之间的界线。那些有主观现实观的病人，以僵硬的信仰和先验的自明性持有这种概念，将自己与他们所处团体的思维和经验隔离开来。症状学成为决定生命的因素，因为患者对自己和世界的信念是主观的，患者失去了群体，别人疏远他，他很孤独。由于这些原因，克里斯蒂安·沙菲特称这种经验为主观的。这种主观的真实观，使病人的行为变得奇怪，生活也不顺利，因为在有他人的团体中，他们不可能再用自己对世界的集体态度去生活。这适用于许多其他普遍精神疾病的东西，也特别适用于妄想，即他们对社会世界做出充分反应的基本能力被干扰了。妄想症患者和他的思想主宰生活在一起，而不是和这个世界上绝大多数人对情况的评价一致。

有的人可以尽可能隐藏自己的妄想，因此他们在社会上并不显眼。对于那种长期的、没有强烈影响的妄想之人来说尤其如此，但是，即使是这样，这些人也不能生活在他人完满的共同体中，因为生活在一起，需要对世界的基本态度以及由其衍生的行为进行交流。如果一个人只是想生活在一个人类社会中，他可以和其他人有不同的意见，然而，如果这个社区想要令人满意，提供安全感并成为一个活跃的交流场所，人们的真实观就必须基本达成一致。

在现存的很多关于妄想的书籍中，有时强调一个标准的重要性，有时强调另一个。这些想法是归入到克里斯蒂安·沙菲特的决定生命的主观标准之中的。但实际上，对妄想的个别标准进行优先排序，这样的讨论是没有必要的，每个人的标准都为区分妄想与健康经验提供了困难。即使是健康的人，我们也经常有错误的想法，我们顽固地持有一些想法，在很多事情上认为自己的思考是不需要经过认证的。尤其当涉及更为重要的事情时，有时它会使我们没有同情心，使我们与社会保持距离。但是，大规模的标准和与对现实的基本评估有关的标准会进行结合，这样通常能使妄想被有经验的人高度准确地识别出来。

# 埃及之谜

在所有的这些理论中，我们不想忽视汉斯·陶伯特，我们的气候远足者，因为当我们思考妄想的本质时，我们关注的实际上是他。在和我的谈话中，他曾向我讲述了他的埃及之旅，并说他是世界的国王，是世界的守护者。

"你说成为世界之王是什么意思？你是指哪些世界？"

"一切都在帝王谷。那里坟墓的墙上画着不同的世界。有趣的是，这不仅仅是一个墓中的情况，你可以在全部现存的墓中找到这些描写。例如图坦卡蒙的墓，在他的坟墓里，得到了更好的展现。"

可以看出，汉斯·陶伯特曾研究过帝王谷的墓葬。他知道埃及的历史背景，知道早在石器时代，底比斯地区就已经有人居住了。整个谈话过程比较坎坷，但总的来说，他可以用一种有区别的方式描述，甚至是历史书上没有，只有他知道的东西。

"也许这就是埃及人的知识来源。"他告诉我，"不同的世界一直都存在。"

"但你是如何认识到不同的世界的？"我问他。

他惊奇地看着我。

"这很清楚的。许多人，有些看起来和我们很不一样的人，他们有鸟头，他们总是成群结队的，总是很多，整个民族。"

他向我描述了墓穴上的一些细节，甚至说了每个世界不同的颜色。每个世界都有自己的颜色，所以很容易辨认出它们。他还展示了各个世界的生活，一个世界和农业有很多关系，另一个满是武器，而第三个世界呈现的都是船只。这三个世界总是被展示出来。

"他们已经知道了一切，埃及人。"

这些声音也向他证实了这一点。他们一次又一次地告诉他要密切注意这些迹象，但一开始他不知道他们指的是哪些标志。

我问他："你与那些世界呈现出的现象有什么关系？它们是相当古老的坟墓壁画。"

他变得非常活泼，且身体前倾。"你难道不明白吗？一切都写在那里，有这三个世界，你必须注意它们。"

"我想更好地理解这一点，"我继续说，"那里展示了不同的世界，但你与它们有什么关系？"

在我问了这个问题之后，气氛又停滞了。我觉得，汉斯·陶伯特又开始变得有点可疑了。他仿佛在考虑是否该把这最后的秘密也托付给我。但也许是我误解了，他的面部表情和手势很难读懂。他又向后靠了靠，很平静、有些嘶哑地说："走过那些画，我简直被它们的清晰度惊呆了。这些画非常清晰地描绘了一切。后来我读了关于帝王谷的书，书上说，这些场景被画在墙上，以便国王们再次醒来时，他们可以记起他们来自哪个世界。这就是为什么还有很多手工艺品。这样，死者就不会忘记。而科学家们并不了解这一点。这些声音也向我证实了这一点——他们说，科学家们什么都不懂。"

"埃及人知道这些国王已经死了，不会再醒来。这一点很清楚，看看那些木乃伊就知道了。如果你认为某人会醒来，然后离开，就不会把他这样绑起来。"

汉斯·陶伯特从来没有长时间这么流利地讲过一段话。现在他再次望向远处，讲述又停顿了下来。我不想打断他的思维，尽管他本人与这一切有什么关系这个问题仍盘桓于我的脑海中。很快，他又开始讲述。他简短地看了看我，然后移开视线。

"这时，我看到了太阳图。"他暂停一下。

我问："太阳图片？"

"是的，那是一张保存完好的太阳图片——下面还有一个人。"他暂停了一下，又接着说，"当我突然看到这个的时候，我惊呆了。画上的那个人是我！"

他再次扫了我一眼，我尽量不表现出对他的怀疑。他十指相扣，以慢动作弯曲折叠双手，使一只手掌有时朝上，有时朝下。

"这就是信息，而我马上就明白了。那些声音几乎都开始爆笑。'现在他终于知道了！'他们喊道。国王们都死了。我应该照顾好这个世界——这是我的任务。"

有那么一瞬间，他不得不微笑，这与我对他的印象完全不符。

"到处都是游客，他们只是看墙上的照片。没有人理解，只有我知道，这是我的任务。"他停了一下说，"我是世界的新国王。"

"但为什么是你？"我忍不住问道。

又一次出现了停顿。

"我不知道，"他停顿了一下，又重复了一遍，"我不知道。"

"但就是这样，我和照片上面的太阳很清晰，就是这样的。"

我们已经谈了很久，我不得不中断。我们同意第二天再继续。在病房里，汉斯·陶伯特表现得很平静。他遵循规定的日常节奏，每天早上洗澡、刮胡子，保持衣服整洁，早餐后与小组的人一起散步。无论如何，他对其他病人和我的同事都没有表现出国王的样子。他还服用了我们提供给他的药物。

"这并没有起效。这一点我们已经预测到了，但我不希望发生争吵。"

他没有说预测到了是什么意思，也许这与古埃及人有关，但我们不知道。

他的父母很少来看望他，他们住得很远，他的父亲患有膝关节炎，出行特别困难。他们也很困惑自己儿子的情况，当我告诉他们这可能是一种精神疾病，而且通常可以得到很好的治疗的时候，他们松了一口气。他们很高兴能这样解释这一切，因为他们无法解释儿子的诡异变化，也很难承受这种未知。他们一直在怀疑是不是自己做错了什么，最重要的是，他们一直在讨论他们现在应该怎么办。面对这样的问题，他们很孤独，因为他们不想和朋友谈论他们儿子的奇怪经历。他们告诉我，他们终于设法让儿子和他们一起去看心理医生，医生随后让他住院。一开始儿子很抵制，后来顺从了。

我问（他的）母亲："他是从什么时候开始表达这种奇怪的想法的？"

母亲回答："他一直独来独往，最好让他一个人待着。朋友们常常会分散他的注意力，但是他们也不经常来。尽管如此，他是个好学生，在家里也没有添过乱，而且还会帮忙做家务。"

母亲的叙述比她的儿子要流畅和生动得多。

父亲接着母亲的话继续讲述。他说话也有些嗫嚅，很像汉斯，句子之间常常会做出像深思熟虑的停顿。他的身材也和儿子非常相似，高而瘦。

父亲说："几年前，我们注意到他发生的变化。他出门更少了，也不再见其他人。"

他的父母轮流向我们讲述他们儿子的变化。

汉斯当时二十多岁，像今天一样仍住在家里。完成学业后，他开始工作。母亲曾经建议他找一个女朋友，组建自己的家庭。

但汉斯的反应很愤怒，回了自己的房间。这个话题就再没有被提起过。晚上下班回家后，他直接进了自己的房间。父母可以听到他的声音，他好像在和别人交谈，但他的父母没有想到这一点。

汉斯那个时候老是自言自语，后来有一天，他提出想去埃及旅行，父母都非常惊讶，他以前从没有独自去过那么远的地方，但他非常坚定，还在一家旅行社报了名，精心策划了这次旅行。

"我们当然问了他为什么想去埃及，但他说了一些很难理解的话。埃及人有一个秘密，他不知道是什么，这个秘密很奇怪，他必须去调查它。肯定发生了什么事。我们没有再问什么问题，他就离开了。"

这位父亲补充说："一切都很顺利。但即便如此，还是发生了一些奇怪的事情。当他乘坐的飞机起飞的时候，我们就很担心。当他回来的时候，他完全变了。"

从此之后，他完全藏起来了，不见任何人，几乎只待在自己的房间里，甚至不去吃饭，也不再去工作。这种情况持续了大约两个星期，然后他的父母做出了回应。在巨大的压力之下，他被说服去看心理医生。起初，他很惊讶，问他们是怎么想到这个主意的。母亲说，她已经和家庭医生谈过，医生建议她咨询精神科的医生，当他的母亲对他的拒绝反应越来越激烈时，有点意外的是，他突然同意了。反正他也无所谓，没人能看懂这些信息，只有他才能读懂。

儿子愿意去诊所接受治疗，父母很开心，他们认为我们可以处理他们儿子的奇怪想法，并对此很有信心。像很多亲属和大多数病人一样，他们很高兴能看到，我们能把他们儿子的病情分到某一类，而且显然他不是唯一发生这种怪事的人。

有时，即使是名人也会受到妄想症的影响，下面的例子将表明，应该谨慎地对待研究的结果。并非每个自认为很出名的人都患有妄想症，名人也会狂妄自大。

## 谨慎对待名人

1889年1月10日上午，瑞士巴塞尔的弗里德马特诊所收治了一名病人，随行的还有两位受人尊敬的先生。那是一个雨天，沉闷而寒冷，令人不适，雾气弥漫在城市郊区的老建筑之间。这家精神病诊所在几年前才建成，位于莱茵河左岸，靠近法国边境，附属于巴塞尔大学。病人被带到病房，没有反抗，并且胃口大开，在那里吃了早餐。通过他人的描述，他长相不错，身材相当强壮，49岁。测试很顺利，他一直在说话，但是听起来并不连贯，有时候完全是稀里糊涂的，他对问题只做部分回答或根本不回答。他说自己严重头痛，症状持续了约八天。但是除此之外，他感觉很好，精神饱满。最后，鉴定结果是下面这段话，今天看来我们只能微微一笑："病人通常情绪激动……无法完成任何事情，无法照顾自己；声称自己是个名人。"他被证实有妄想症和神经衰弱，并被诊断为早发性痴呆。

病人是哲学家弗里德里希·尼采，他的确是个名人。他在都灵给他的同事雅各布·布克哈特（Jacob Burckhardt）写了一封信，这位艺术史教授在巴塞尔以外的地方也很有名。信的开头是这么写的："致我尊敬的雅各布·布克哈特。这就是那个小笑话，因此我看到了创造这个世界后的无聊。"接着，他继续写道，"……因为我和阿里阿德涅（古希腊神话人物），需要达成万物的黄金平衡……"后来发现，他也给其他人传递了一些小信息，即所谓的妄想便条。其中一份与巴塞尔的病史一起附上，题为"巴登家族"（Dem Hause Baden），署名为"被钉在十字架上的人"（Der Gekreuzigte）。这些句子即便对雅各布·布克哈特这样的人来说也是不寻常的，他习惯了古怪的教授式德语，他非常担心尼采。在向他的同事教会史学家弗朗茨·奥弗贝克（Franz Overbeck）核实后，他们向大学精神病诊所的负责人路德维希·维尔（Ludwig Wille）教授寻求建议。维尔教授的建议是，想办法将尼采从都灵带到巴塞尔，让他进入弗里德马特诊所接受检查，于是奥弗贝克当天就坐火车去了都灵，见到了困惑、心情激动的尼采。

尼采一见到他，就缠着他的脖子，然后泪流满面，抽搐着瘫倒在沙发上。在一位对催眠术有所了解的年轻德国牙医的帮助下，病人才平静下来，踏上了返回巴塞尔的旅程。在诊所里，他接受检查，结果没有任何问题。他记得自己和主治医生维尔讨论过一个有宗教妄想症的病人。让奥弗贝克感到震惊的是，尼采丝毫没有把另一个病人的临床情况和他自己的心理状态联系起来。

"病人……自称是个有名的人。"

发生了什么事？医生们发现了妄想症，这是不是掉进了一个陷阱？人们多多少少可以为当时的同事辩护，因为在1889年，尼采确实还没有像今天这样出名。但那时还是有人认识他的，他说自己很有名，可能是很轻微的夸张（也许是预示）。我们在此处遇见了困难，而这个情况在心理学上是反复出现的，到处都潜伏着陷阱。难道在个别情况下，病人所讲的事情不可能都是真的吗？如果有人说自己受到迫害，会不会是真的有人在追杀他？那些自以为是的病人会不会真的是名人？答案很简单，但必须要一些解释。是的，有很多可能性，但这并不意味着没有精神疾病。

有一句格言："如果你有受迫害的错觉，并不意味着你没有受迫害。"从尼采的故事中，人们也可以得出结论："如果你是一个有名的人，并不意味着你不是自大狂。"更让人困惑的是，当我还是精神病学住院医生时，我的老师曾说："即使你的女朋友在欺骗你，你也会有嫉妒的错觉。"那么，一方面是妄想中的经历，另一方面是现实中发生的事情，这两者之间的关系是什么？我的老师还说过："我们不是侦探，在诊断妄想时，某些东西真实与否，并不会起到这么大的作用。"这令人很惊讶，因为这和外行人的印象相矛盾。毕竟，通常被认为是妄想的东西，它是和现实的错误假设相对应的，即有着或多或少的错误，或对正在发生的事情的曲解。但作为一个妄想的标准，这不应该起到决定性的作用吗？

至少，正如我们所看到的，它不是妄想的唯一——确实是必要的——但也不是一个充分的标准。并非我们犯的所有错误或一些错误假设都是妄想，这是最少见的情况，因为我们经常做出错误的假设，只有很少的时候是妄想。如果我错误地认为自己正在受到迫害，那么我就没有妄想。反过来说，如果一个人真的被迫害了，也可能是他有被迫害妄想症。以前遇到过的其他判断标准也发挥了重要作用，只有通过这些标准共同的特点，才能准确地诊断妄想症。

在弗里德里希·尼采的案例中，在他的病历中我们发现了一些迹象，表明医生可能并不是完全错误。因为他入院的实际原因，即给雅各布·布克哈特的信中，也包含非常奇怪的表述。并且在第一次检查时，病人对糟糕的天气表示遗憾，并说："希望明天我能为你们创造最美妙的天气，你们这些好人。"

第二天的天气是否真的变好了，在病历中没有提到。

在检查期间以及之后的日子里，尼采一次又一次地说胡话，"大声地叫喊和唱歌"。他说，他最近才有这样的状态，他想拥抱和亲吻街上所有的人，然后爬上墙壁。他一直处于运动的兴奋状态中，把帽子扔在地上，自言自语，说着莫名其妙的话，然后躺在地板上。下午，他可以到诊所的花园里散步，他跑到那里大声喊叫并做一些手势，有时脱下衣服和马甲，躺在地上。一个不久前还写过《查拉图斯特拉如是说》（*Also sprach Zarathustra*）、《人性，太人性的：自由灵魂之书》（*Menschliches，Allzumenschliches*）、《善恶的彼岸：未来哲学的序曲》（*Jenseits von Gut und Böse*）等书的人，现在却在巴塞尔诊所的花园里大喊大叫地奔跑，这其中发生了什么？

当母亲来探望时，尼采很高兴，聊了很长时间的家庭事务，而且表达"相当准确"。但是突然，他喊道："在我身上看到了都灵的暴君！"

母亲的探望中断了。1月17日，即入院一周后，尼采从弗里德马特被释放。"今天晚上，他将被转移到耶拿大学精神病院"，这句话出现在病历上，但是他的母亲坚持要把儿子转到她家附近的地方。

在19世纪的最后几年，人们对弗里德里希·尼采诊断出的早发性痴呆的病因进行了激烈的讨论。精神病院里到处都是患有这种疾病的人，他们通常有瞳孔障碍、有异物感和瞳孔反应紊乱[①]，常常有语言障碍，在心理病理学上，他们有宏大的想法，甚至是自大。同时，他们往往情绪激动，所以一整套的治疗形式都旨在安抚情绪激动的病人。尼采被转到耶拿大学精神病院，负责人奥托·宾斯万格（Otto Binswanger）认为，这种疾病的原因是精神

---

① 瞳孔反应紊乱是指瞳孔张开的程度不同，用光检查时，瞳孔反应迟钝。根据波达赫（Erich Podach）引用的耶拿大学医史报告显示，尼采也有这样的症状，右眼瞳孔宽，左眼瞳孔窄，还有些不规则的扭曲。

性的，即由大脑的功能过度劳损造成的。精神病学家埃米尔·克雷佩林反对这个观点，但实际原因还不能确定。神经科医生保罗·尤利乌斯·莫比乌斯（Paul Julius Möbius）是第一个写到尼采疾病的人，他提出了进行性麻痹可能是梅毒的晚期后果这一论点。1896年，克雷佩林在他创作（后来被广泛采用）的精神病学教科书中写道："莫比乌斯也认为神经梅毒和麻痹实际上是梅毒的后遗症。不幸的是，如今还不允许这样简单的解释，在我看来也不行。"

但事实就是这么简单，莫比乌斯被证实是正确的。性病梅毒在初期阶段会引起性器官的局部炎症。在现代的治疗条件下，这种情况可以用抗生素治疗，因此相应的损害只在极少数情况下出现。在过去，这种所谓的主要影响，在一段时间后会自发地痊愈，一切似乎都恢复了正常，但是病原体并没有消失，只是把自己潜伏得很好。有时在多年后，往往是在8到10年或更长时间后，它们会再次出现，但这次不再是性器官的炎症，而是各种器官的紊乱，最后还有大脑功能的紊乱。早发性痴呆的临床表现是早期感染和晚期炎症[1]。

1929年5月，英国微生物学家亚历山大·弗莱明（Alexander Fleming）爵士第一个公布了关于青霉素的发现。因为青霉素的

---

[1]　有一些中间阶段，疾病的症状相当混乱。因此，渐进性瘫痪被称为疾病的第三阶段，这个阶段通常也被称为神经性梅毒。

发现，住院精神病学被彻底改变了。不久后，早发性痴呆病人就销声匿迹了。如果在病毒的初期给足够大的剂量，治疗时间足够长，病原体就无法隐藏并造成后期的损害。如今只有少数的患者患此病，而且通常在神经科或内科病房接受治疗。

关于尼采是否曾经患过性病的问题，已经有很多的资料证明，这可能是他后来变疯的病因。他自己也承认了这一点。然而不清楚的是，资料是否描述了梅毒的症状。更为常见的淋病早期阶段看起来和它非常相似，然而，在尼采的案例中，晚期的早发性痴呆症状似乎是毋庸置疑的，这说明了梅毒前期是主要影响。但是从中得出的和他工作有关的结论是错误的。尼采的所有著作都是在他离开都灵之前写的。他的最后一本书《瞧，这个人——人如何成其所是》（Ecce Homo - Wie man wird,was man ist）的章节标题是预示着即将到来的荣耀，还是预示着即将到来的疾病，这一观点是开放性的。这些标题是："我为什么如此智慧"，"我为什么如此聪明"，"我为什么能写出如此好书"，"我为什么是命运。"然而，这些章节的一些内容非常有趣；例如，在"我为什么如此聪明"一节中，他写道："我从来没有思考过那些不是真正问题的问题。我从来没有浪费过自己的力量。例如，我没有经历过任何宗教方面现实的困扰。我一点也不知道所谓'有罪'的那种感觉。同样，我没有一种测试良心悔恨的标准；我觉得良心的悔恨不是什么值得重视的东西……"

被转到耶拿大学精神病院后，起初病人并没有好转。临床上主要表现为妄想和强烈的躁动。1889年1月18日，也就是尼采被送进耶拿大学精神病院的那一天，他先是洗了个澡，然后被安排在中心病房卧床休息。在去病房的路上，"病人跟在后面，礼貌地一直鞠躬。他迈着雄伟的步伐进入自己的房间，仰望着天花板，感谢大家的热情接待。他不知道自己身在何处。一会儿认为自己在瑙姆堡，一会儿在都灵"。在前往病房的路上，他"无数次"试图与医生们握手。

显然，他在床上不是很安分，因为医生说："即使在夜里，他语无伦次的唠叨也几乎没有间断过。"总的来说，这位知名的病人并不容易平静下来。尽管有镇静剂的药物治疗和暂时的隔离，但记录表明他非常不安分。1月24日，"非常吵闹"；2月10日，"易怒，无缘无故地失声尖叫"。有一次，他踢了一个同行的病人，说："我是弗里德里希·威廉四世。"其他时候，他称自己为坎伯兰公爵或皇帝。但也有好转的一面，他微笑着请求医生："帮我恢复健康。"

整个夏天都是如此。尼采坐立不安，说着无法理解的句子，行为怪异，他总感觉受到威胁，并要求用左轮手枪来保护自己，或者打碎玻璃，利用地上的碎片让人们更难接近他。有一次，他打破了一扇窗户，因为他说他看到窗户后面有一个猎枪筒。7月9日，他"跃起，龇牙咧嘴，拉起左肩"。他的母亲多次来探望他，大部分时候，母亲对他的影响显然是有益的。

1889年10月，他的病情终于稳定了下来。在病历中，发现了以下条目："总体而言，明显缓解"。和在巴塞尔时的情况一样，这位母亲再次不顾医生的建议，把儿子带回家照顾。此后，尼采的病情一直反复，终于在1890年秋天又出现了明显的恶化。尼采退缩了，显得很冷漠，话很少，意志和动力都在减少。母亲去世后，他的姐姐接着照顾他。

1900年8月，弗里德里希·尼采因中风去世。现在，他无疑是个名人了。

# 高压行走

在后来和汉斯·陶伯特的谈话中，我更多地了解到他所处的妄想世界的情况。

"当然，今天人们没有变得像埃及的照片中那样。他们穿着不同的衣服，也不再有鸟头。他们看起来和我们一样。"

我问他："我是否能认出其他世界的人？"

"不，你不能到他们那里去。"

"你是怎么做到的？"我好奇地问他。

"我利用不同的气候区。"

他说得很自然，也很认真，仿佛它是如此的明显，以至于每个人都应该知道。

"气候区？"我迷惑地问。

"是的，在高压下我会上升到一个世界，在低压下会下降到另一个世界。"

作为一名治疗师，我们一次又一次地经历和妄想症患者相处的时刻，在这些时刻之中，他们会说一些荒谬的想法——有时对局外人来说非常欢乐。当塔玛拉·格伦费尔德讲到许多人穿着漂亮的衣服住在她的身体里面，她强调说，那些有公寓和城堡的皇室房子也是她身体的一部分时，就是这样的一个时刻。

她讲述时，自己也笑了。

"如果其他人听到这句话，他们会笑，"然后她认真地说，"但它就是这样——它就是这样。"

另外，汉斯·陶伯特说自己可以利用高低气压穿梭在不同的世界，这个想法荒谬，但有趣。我不由自主地想，一个人怎么能想出这样的事情，但这并不是想象出来的，这不是他的想象，也不是幻想。对病人来说，这是赤裸裸的现实，对他来说也并不好笑。他可以用这种方式旅行，即使他不能向别人解释是如何进行的。但这很明显，因为他经历过，这一定是事实。不知何故，这些想法也与他工程师的教育背景相吻合。

或者说，作为一个工程师，他应该知道这种事情是无稽之谈。在健康、理性的状态下，确实如此，但汉斯·陶伯特无疑有一种奇怪的妄想。我想知道更多关于这种妄想的情况，但他却不能告诉我更多了。

"在低气压下，我可以去深层的世界，但并没有真正注意到我去了另一个世界。后来我看到了那些人，知道我在更深层次的世界里。这些人看起来和来自更深世界的人一样。"

我问他怎么知道的，但他真的答不上来，他说自己就是知道。他还说，光线和声音都有些不同，但他也无法解释。

"然后，我又等来了一个高压的情况，可以再次旅行回来。"

"我的理解正确吗？在不同的世界里，人们看起来是一样的？"

"只是看起来是这样的。实际上他们是不同的人，他们生活在不同的世界。我必须每隔一段时间就检查一下他们的情况。"

汉斯·陶伯特已经筋疲力尽，无法告诉我更多不同世界的细节。我们结束了谈话。即使在后来的交谈中，我也没有了解更多不同世界的情况。他不需要推理，所以没有思考过经历的事情。对他来说，这是理所当然的。

事实上，像塔玛拉·格伦费尔德或汉斯·陶伯特这样有怪异妄想的人，在现实世界中还能应付自如，很令人惊讶。塔玛拉确信她体内有数万亿的人，但她会去散步，做填字游戏，为了做一顿晚餐而去购物。汉斯·陶伯特尽管有奇异的妄想，但也很有活力，他比塔玛拉·格伦费尔德更独立一些。如果没有他父母的帮助，他可能很难在我们熟知的现实中活动。但至少，我可以和他谈谈另一个世界。他也意识到，我需要通过他的解释才能了解他生活在哪个世界。

妄想世界中的思想、看法以及常出现的情节对患者的影响往往不同，有的人在现实世界中完全不受妄想的影响。这意味着，当被问及此事时，他们讲述的是离奇的妄想内容，但除此之外，他们的日常生活基本没有变化。当然，现实和妄想之间，总是存在着矛盾。如果一个人是许多世界的守护者，而且是唯一知道它们存在的人，那么毫无矛盾地留在精神病院里、服用药物，就有点不合逻辑，这种矛盾被简单地忽略了。对患者来说，两个方面都是真的，如果要说两者相互矛盾，根本不可能是真的，这一点他们坚信不疑。在这里，当我们面对病人的这些矛盾时，也经常听到这样的句子："这就是事实！"先验证据有很强的作用，不需要证明自己的观点的正确性，不需要辩解，因此也不需要澄清这种矛盾。

然而，日常生活和妄想世界并不总是能够毫无问题地共存。妄想在不同程度上影响着日常生活，直至患者完全生活在妄想的世界里，无法正常生活。有迫害妄想症的人会把自己关在公寓里，封住门窗的缝隙，不出门，因为他们觉得敌人四处潜伏，甚至超市的食物都可能把他们毒死。在这种情况下，妄想中的情感参与度往往很高。塔玛拉·格伦费尔德和汉斯·陶伯特在讲述他们的故事时，没带什么情感。然而，在种种对话中，可以一次又一次地看到塔玛拉对自己命运的绝望。但与她假设的肯定程度相比，幻想伴随的情感是相当低的。汉斯·陶伯特也是如此。他似乎偶尔为自己的特殊能力和任务感到骄傲，但在这里，妄想伴随的情感也很低。

处理妄想的世界和日常生活之间的关系，对于能够在现实中正常生活有很大的意义。因为这种关系在**同意过程**（同意融入正常社会）中也起着重要作用。乍一看，人们可能会认为，有的人确信有完全不同的世界存在，而且只有他能通过不同的气候区在其间来回移动，他是这些世界的守护者，可以从埃及的坟墓中得到这个任务。一个持有这种怪异观点的人，是不可能同意进行治疗的，一个必要的先决条件是，患者应该在某种程度上了解他会同意什么。尽管汉斯·陶伯特有妄想症，但他很明白自己是在精神病院，他知道吃药意味着什么，他知道吃药可能有副作用，而且能够不受妄想症的影响，判断自己是否接受可能的副作用。

　　患有妄想症（真正意义上的妄想），并不总意味着生活中所有的领域都会受到影响，疯子也可能不受影响地保持理智。在个别案件中，例如在法律纠纷中，很难判断妄想对其他事项的判决产生了多大的影响，或者有没有产生影响。无论如何，如果得出这样的结论：患妄想症的人在所有问题上都会无意识地做出不合理的判断，所以根本没有能力签订各种合同，这种观点是不对的。

## 思维紊乱

妄想是一种影响思维的障碍，即所谓的思维内容障碍。但这并不意味着只有思维受到了影响，或者只表现在思维上。当然，妄想也是一种思维紊乱。思维可以进行的描述如下：

思维的过程包括对意群的理解、产生、排序和连接。它的基础是将个人的（描述性）想法或（非描述性）概念（想法）联系起来，目的是综合信息处理，除其他外，为个人的定位、评估、反思、评价、控制、预测、计划以及沟通和行动设计服务。

因此，思维过程是我们理解外界和内心事件的过程，并且做出有意义的反应。其目标是综合信息处理，重要的次级目标是行动规划。我们也可能从中学习，即从过去的经验中预测未来，并制定相应的前瞻性的计划。信息的处理不仅包括眼前正在发生的事情，还包括很久以前的经历，对过去、现在的思考，甚至对自己的反思。

思维过程可以通过各种方式进行干扰。我们记录了患者语言交流中的这种干扰，说话和思考不是一回事，但在评估思维障碍时，我们要根据语言表达的评估，因为思考不能直接推断。即使误判很少，我们也必须意识到，对思维的评估可能会因为语言缺陷而变得更加困难，比如讲外语或教育水平低下的人，除此之外，还有各种神经系统疾病的语言障碍，都会有负面影响。

思想障碍通常有两种类型，形式上的思维障碍和内容上的思想障碍。患者思维缓慢，他们笨拙地表达自己，或被限制在少数的思维内容中，无法脱离出来，个人的想法反复在头脑中打转。病人陷入沉思，感觉自己被许多匆匆而过的想法所摆布。有些人的思维轨迹一再中断，因此失去了线索，或者联想强烈、思维跳跃，以至于不连贯。这些症状不同程度地出现，从无法理解的、看起来不合逻辑的思想到口语语法结构的完全消解，即语言功能的崩溃。句子结构被破坏了，只能说出一些无法理解的、毫无意义的单词和音节，语无伦次，这是**精神分裂症**的表现之一。以下是一个病人说话严重不连贯的例子："我遇到了一个人，她不能以任何其他方式展示自己，而是把所有的东西都放在一起。它的意思是这样的：肚子里有个快乐的小先生，一个女孩与她的丈夫很幸福，他们都在幸福中寻求救赎。"

除了思维形式障碍，还有思维内容障碍。我们对自己所处的情况和在世上所处的位置有一定的概念。我们知道自己是否有亲人，知悉自己的职业和接受的教育。我们知道自己的住所，对社会结构有一定了解，也记得自己的体貌特征和人生经历。总之可以说，我们对自己的现实生活或多或少有清晰的概念——或者，正如一些人说的那样，对自我有清晰的认知。这个概念是由我们在现实生活中的感知、包括愿望和梦想的内在想法、过去的记忆和对未来发展的期望等因素共同形成的，它也是由我们和他人互动的经验而形成，并不断在调整。我们总是对自己是谁和我们生活的环境有概念。所有这些过去或现在的，对自己或世界的经验都塑造了我们的思维内容。这些内容可能会出现紊乱，这被称为思维内容障碍。

在我们继续处理此类障碍之前，我们必须先考虑一下思维本身。上述想法，关于自身以及世界如何产生，不是一个平常的过程。我们对自己以及周围环境的看法，并不是某种现实的简单反映。相反，它是一个建设性的过程。

以当前的神经科学视角来看，我们的大脑是一个自我组织的神经元网络，其基本任务是不断构建对应我们生活现实的想法。大脑忙于用我们的感觉器官感知当前事件，并和记忆中我们已经历过的事情进行比较。在衡量意义的意义上，**解释**在很多不同的层面上都具有决定性的意义。我们在感知的过程中就已经进行了解释，在前面的章节中我们已经看了这方面的例子。把我们的大脑描述成一个纯粹的信息处理器官，把人描述成一个纯粹的信息自动处理机，肯定不允许存在这样的简略，所以信息不能简单地进行感知，或者在逻辑结论的意义上进行机械的处理。相反，"处理"这个词必须进行更广泛的解释。如何处理一件事跟很多其他特征有关，也与我们是什么样的人有关。

解释不仅在感知的基本过程中起作用，在更复杂的层面上也很重要。我们解读他人的面部表情，从中发现情绪。朋友或敌人，往往很快就能确定。研究表明，我们对某个人进行分类，往往只是几秒钟的事。我们都是自己世界的主人，衡量着每个经历过的场景。

事件的发生总该有原因，而不是随意发生的。有时，这种想要解释的冲动甚至超过了研究人员。例如，在2005年，《南德意志报》报道了一个轰动性的发现。一位来自瑞典的研究人员发现了高跟鞋与精神分裂症的发生之间的联系。穿高跟鞋走路时，小脑皮层受到的刺激比正常行走时少，因此干扰了神经递质多巴胺的功能。众所周知，多巴胺算是精神分裂症的一个诱因。研究人员写道，他的想法得到了迄今为止所有事实的支持。例如，人们在城市里比在农村更常穿高跟鞋，精神分裂症在城市人口中更常见。冬天出生的儿童更有可能患上精神分裂症，这个原因现在更加明显：因为冬天出生的孩子在第二年冬天学会走路。而在冬天，他们穿鞋的机会比夏天更大，即使还不是高跟鞋。注意，该报告是在12月30日发表的，可不是在4月1日愚人节。

神经科学家格哈德·罗斯（Gerhard Roth）将我们的大脑不断被占用的构架过程描述如下："大脑可以通过其感觉器官受到环境的刺激，但这些刺激并不全是有意义、可靠的信息。相反，大脑必须通过比较和组合感觉上的基本事件来创造意义，并在内部标准和先前知识的基础上验证这些意义。这些都是现实的构成要素。我所处的现实是大脑的构造。"

最后一句话在罗斯的书出版后引起了极大的轰动，也招来了许多批评。它的表述相当具有挑衅性，当然，批评方的论点也是正确的，人是一个整体，不能仅被简化为大脑中的建设性过程。许多人也把这句话解读为过度的还原主义，认为现实不过是大脑的发明。然而，罗斯并没有这样说，而是强调了在事件形成的过程中，现实感知起到了重要作用。正如我所说的，我们从来没有简单地感知到什么，而是为感知到的内容赋予某种意义。即使是深入我们大脑深层次的感官刺激，也不是外部现实的直接反映。再次引用罗斯的话："因此，我们必须严格区分信号，例如由感觉器官产生的神经元兴奋状态，以及它们的意义。意义只是在认知系统内被赋予的神经元兴奋，而且取决于兴奋发生的背景。"解释过程相关的知识不仅仅出现在"脑十年计划"中。例如，弗里德里希·尼采说——当然是在他成为精神病患者之前："事实本身是不存在的，必须先给它加上一个意义，这样才能有一个事实。"是大脑作为器官产生了这种意义，而不是"人的全体"，身体、大脑以及和其他人的互动，这样更为全面的理解——这个问题是现代大脑研究批判的一个重要起点。

# 对大脑研究的批评

如果我们想进一步了解以下的问题：在妄想期间发生了什么？妄想的机制和发生妄想的原因是什么？我们就必须看看健康的人在思考时发生了什么。这可以理解为我们计划中的一种方案：先寻找当前关于自然思维过程的理论，再试图去了解妄想在其中做出了什么干扰。早在1848年，精神病学家卡尔·威廉·艾德勒（Karl Wilhelm Ideler）就写道："对妄想的研究意味着对人类的研究，即使是在没有患病的状态下。"妄想症患者的真实观是主观的。为了更好地理解这种情况是如何发生的，我们应该先了解普遍的概念，大脑过程在个人现实的产生中起什么样的作用。主观的现实是出现在妄想症患者身上的，他们有着教条式的信念和先于经验的自明性。所以我们应该了解，在我们的身上是如何产生某种信念的。最后，当我们想到克里斯蒂安·沙菲特的第四个标准，即生活决定的真实观以及和共感的疏离，我们应该意识到，我们生活的集体对我们的生活方式，以及我们对世界和自我的看法起着什么样的作用。

多年来，大脑研究一直在这个领域做出重大贡献。然而，实际上还原论的方法一直存在，它认为：越基础的理论，往往呈现出的东西越庞大。如果有人声称，要解释世界和人类其实很简单，只了解与大脑机制相关的知识就可以了，那么大家会觉得很惊讶。即使是一些研究人员做出的、不那么粗糙的假设，例如他们承认"病人的痛苦源自他们各自的生活环境"，但同时又声称"但是疾病的核心是……它总归是一个大脑细胞在生物化学上的不平衡的问题"，这很容易被揭露为过于还原主义。此外，人们在哪里看到核心，取决于人们看得多仔细。在现实中，我们不是由细胞组成，而是由原子组成。但是，真的会有人声称精神疾病的核心是我们的原子结构吗？

如果我们把妄想等精神状态理解为神经元回路（"脑回路"）的功能障碍，那么我们是否能完全理解这些精神状态，从一开始就可以打上一个大大的问号。在"神经病学"的标题下，有人强调，在大脑研究方面，我们"50年来一直处于重大突破的边缘"，这也是一种讽刺，在过去的数十年间，已经有过不少的承诺。根据推测，这也与当前研究的资助有关。人们往往需要声势浩大的开始，再多次承诺，才能为自己的研究项目获得资金，大脑研究中的各种方法，无疑促进了一些脑功能机制的科学知识的巨大进步。对于临床实践，即对病人的治疗，"脑十年计划"——现在已经持续了30年——无论如何都没有带来"令人失望"的结果。

成像技术使人们偶尔过于自负，在医学史上，当第一次可以看到活人的大脑内部时，在这一科学发现的欣喜中，人们有时会忘记成像只是显示了脑组织的结构。即使是所谓的功能成像，也只能提供关于大脑中个别结构对某些刺激的反应的信息。最好的情况也就是，巧妙地选择了某些刺激物（在录音过程中设置的变量），人们可以看到主要是大脑的哪些区域承担这些任务。实际上，人们只能看到在某些变量中，个别大脑区域的血流更强或氧气供应更好。那么，得出的结论是：这些细胞活动的区域可能专门从属于某个功能，这样的结论是合理的。但是，如果人们就这样相信——例如，仅仅因为在各种形式的成像中某一区域比另一区域更为活跃，就认为自己追踪到了一种疾病，如精神分裂症，那么，人们对"有魔力的机器"，也就是核磁共振成像技术就有点过于信任了。想要仅通过一张照片就去了解一个人，哪怕它十分精确，都是不可能的。

如果把以大脑为形式的基本生物特质描述为人类的第一属性，而带有历史气息特点的文化、多变的社会结构以及由此而生的实践和习惯为第二属性，我们就会对影响到人类命运的因素进行不必要的、易被反驳的等级划分。

如果一位大脑研究者说"人类自由意志的想法，原则上是不符合科学的"，或者成功的大脑研究者发表著名宣言"想象力、移情、感觉体验和决策或有意的行动规划……原则上可以用物理、化学过程来描述"，那么这些要么是平庸的陈述，要么就是一些研究者过度简化的观点。它们只是泛泛而谈，因为一切都以某种方式在大脑的细胞中发生，再次引用上面的例子——世界上的一切都由原子构成，所以不能说，一个人理解了原子，就理解了整个世界。同样，基本的物理化学机制并不能让人深入了解人是什么。在这里，原因（例如妄想症的病因），往往会和一个必要的伴随现象相混淆。如果一个人理解了森林的组成模式，那么他是否能理解什么是森林？或者说，如果有人这么想，他是不是只站在巨大的树林之间，根本没有看到森林的存在？这个观点就过于简化，因为除了基本的生物过程，人的属性还包括许多其他的因素，而且从不是一个单一的因素，而是几个影响因素的复杂互动。

所谓的第一属性很难被冠以唯一的权威，以此来解释与人类相关的事物，大脑不能代表承载他的人类。然而，这不仅仅适用于对成像技术研究方法的反对，对认知行为的治疗偶尔也会受到类似还原主义的影响。例如，对于"我们知道什么、我们假设什么和我们错误地假设什么"这些问题的概况，人们确信，妄想的核心是一个认知问题，它描述了人们构建其现实的方式。

多年来，大脑研究进步带来了欣喜，成像诊断技术也在进步，但近年来却可以看到一种反击运动，它用充足的论据批判性地审视这种过度简化的解释。幸运的是——可能是受到这场辩论的刺激——现在有越来越多的跨学科工作组，神经生物学家、心理学家、临床精神病学家以及哲学家和社会学家组建工作组并合作，设计出了多变的模型来研究大脑的运作。在我看来，哲学家和脑研究者托马斯·梅辛革组建的MIND-Group可以作为一个例子。但是，即使是一些著名的脑研究者的"宣言"，也被许多人认为是过于还原主义而拒绝，在最后强调了新知识的相对性：

> 然而，所有的进展都不会因为战胜了神经元还原论而结束。即使在某一时刻，我们阐明了所有支撑人类同情心、坠入爱河或道德责任的根本，这种内在视角的独立性仍将存在。因为即使是巴赫的赋格曲，如果人们准确地了解了它的构成，它也不会失去魅力。脑研究不得不明确地区分，它能研究什么和不能研究什么，就像音乐——继续用这个例子——可以研究巴赫曲子的构成，但必须对其独特的美感保持沉默。

这里的"根本"一词听起来很不幸，因为它暗示了一种因果关系（是一种原因），而这一点可能受到很大的质疑。比如，突触的闪烁从来都不是我恋爱的原因，原因只能是我爱上了这个女人。但我也确信，当时突触是在闪动，如果把"因此"一词改为"相关"，那么这听起来倒像是以批判的态度去看待所选研究方法的认知限制了。

专业的大脑研究结果和理论导致了在感知现实、解释现实、得出结论以及做出相应行为时的片面理解。这些发现也让我们更接近了解：当妄想出现时，哪些过程被干扰了。虽然不断意识到模型概念及其实验测试的局限性是好事，但是，若仅因为现代大脑研究的发现和观点不能解释一切，就放弃它们，这也是无稽之谈。

# 一位气候学家接受了治疗

汉斯·陶伯特同意进行药物治疗。我们的目的是治疗妄想症，但对他来说，这根本不是妄想，而是经历过的现实，但他认可药物的作用，药物可以让他平静下来，远离繁忙的工作。幸运的是，他没有遇到任何的副作用。

妄想症患者通常是通过服用调节神经递质系统的药物来治疗，妄想发作时，神经递质多巴胺起着主要作用。几十年来，人们已经很清楚，在有精神病症状的人中，其中包括妄想和幻觉，可以用多巴胺打破神经递质的平衡，这也意味着在相应的大脑区域中，多巴胺会更多。这种不平衡是通过药物来调控，也就是神经抑制剂或抗精神病的药物。

但药物治疗只是整体疗法的一部分。例如，汉斯·陶伯特接受了专业的治疗。除了能够构建日常生活，他还能够通过设计各种材料，重拾对自己创造能力的信心，并通过专注于手工艺活动，在一定程度上远离妄想。心理治疗也是治疗的一个重要部分。最近，根据妄想的属性，我们还开发了更具体的方法，未来会听到更多这方面的消息。治疗汉斯·陶伯特时，还没有这些更具体的方法，但我们经常和他谈论他的想法。特别是在脱离妄想的阶段，反复向病人展示现实世界的观点，使之成为他们的准则，这是非常重要的。当妄想开始消失时，患者往往会感到不安，妄想的世界开始动摇，但是要让病人认识到自己以前坚信的东西都是假的，这一点并非那么容易。当现实世界再次出现在眼前，这时人们往往会被激怒。

随着时间的推移，汉斯·陶伯特的妄想世界开始崩溃了。当他的第一个不确定想法出现时，他和我们在一起待了三个星期。他开始同意，也许他掌管世界的工作应该没有那么难。几天后，他第一次怀疑，不同的世界是否存在。而作为工程师的他也慢慢发现，从物理学的角度来说，利用气候区远足是个相当奇怪的想法。

"我甚至不记得我是怎么想出来的。但不是这样的话，我又是怎么知道不同世界的呢？"

他又经历了几个这样的不确定阶段。最后，经过大约五周的治疗，他已经完全远离了妄想症的症状。现在当人们问起他这件事时，他有点尴尬。

"是的，是的，我以前确实这样觉得，但我不知道为什么，我很愚蠢。"

他不想再聊自己以前认为真实的东西，幻觉也完全消失了。人们也很清楚地注意到，他现在的自我决定性有多强。如今，当他的父母来探望他时，他很高兴，但仍然喜欢一个人待着。他的精神病症状，即他的幻觉和妄想，在治疗中已经完全消失，但他的个性并没有受到所发生的事情的明显影响。他仍然是个"怪人"，喜欢独来独往，经常思考，很少和其他人接触。

第三个故事

THE THIRD STORY

## 爱上恶魔女儿的男人

## 上帝的使者

"我是一个神。"

托比亚斯·恩斯特坐在我对面。他是一个大块头，双腿放松地伸着，上身随意地靠在宽大的扶手椅上，右臂搭在靠背上。他的声音很低沉，听起来有点闷闷不乐，但他说话比汉斯·陶伯特流利多了，而且整个谈话过程中也没有长时间的停顿。当时，托比亚斯·恩斯特42岁。

"我是一个神。"不知他是何时说的这句话。

我们已经交谈了一会儿。他讲述自己人生经历的部分内容是相当合理的，也符合现实。所以，我想也许他是在用这个词比喻什么东西。我小心翼翼地问："你是说，你是一个特别好的人吗？"

他咧嘴一笑，已经看穿了我，我也是一个不理解他的人。

"不！不！"他骂骂咧咧地反驳道，"我是一个真神，上帝的使者。像我这样的人可不多！但你不相信，是吗？"

就像其他有过妄想经历的人一样，托比亚斯·恩斯特也有过这样的经历：只要他开始谈论自己的问题，其他人就会转身离开，因为他们不知道该怎么处理。当有人说了一些非常疯狂的事情，我们通常会觉得"这是个笑话吧"，或者"你的表达也太夸张了"。接下来，大多数人要么马上转移话题，要么努力把话题带回现实。我们不相信梦幻般的妄想，一旦我们开始怀疑，就会放弃，不予理会。我也曾落入过类似的陷阱，但至少我没有转身离开，我想知道究竟。

"那你是如何成为神的？你是如何做到的？"

笑容从他的脸上消失了。我并不比其他人更了解这件事情，但我对他的话很感兴趣，我想知道更多，而且他也想谈这个问题。在后面的交谈中，他身上总有着有如传教士般的热情。他想启迪我，想让我理解他的奇异经历。当然，这在他看来并不离奇，完全是现实。

托比亚斯·恩斯特出生在吕贝克，并一直在那里生活。他的父亲是一名木匠，拥有一家小手工艺店。托比亚斯的母亲负责记账，并照顾两个孩子。托比亚斯·恩斯特有一个比他小3岁的弟弟。店里的生意相当红火，因此家庭的经济状况还不错，虽然不算富有，但也能轻松地在城郊买一栋小房子。托比亚斯是父母的第一个孩子，他们一直期待他的到来。虽然婴儿的体重超过了四公斤，但生产过程很顺利。"我的小胖子托比。"后来，母亲总是这样喊她的儿子。家里每个人都很健康，母亲很快从分娩中恢复过来，托比亚斯的发育也很正常。在他的家庭和成长过程中，没有任何迹象表明他后来会遇到这些困难。

托比亚斯其实并不胖，但很强壮。无论是在幼儿园还是小学，他总是团体的中心，擅长运动，能够迅速地进行社交。当我听到他的人生经历时，我不禁想到汉斯·陶伯特——和他完全相反。但在学习上，托比亚斯是一个平庸的学生，母亲很少辅导他做功课，只有数学才偶尔帮忙一次。

"数学对我来说，总是太抽象了，"提到这件事的时候，他对我这样说，"不知为何如此的笨。"

他的成绩一直很一般，但是就业从来都没问题。

对他来说，他的朋友比学校更重要，他得尽快完成作业，然后去找朋友玩——通常是在公园里打乒乓球，甚至比踢足球还频繁。

"我擅长地理，在工作时我可以很好地运用。"

他迟疑地看了我一会儿，当他意识到我没有真正理解时，又补充说："我的神职。"

他的妄想中浸透着宗教的观点，所以我试图在他所说的人生经历中找到这方面的痕迹。他的父母是天主教徒，但没有严格信奉教义。一家人偶尔去教堂，但主要是为了去见朋友，事后经常邀请朋友回家吃饭。两个儿子在学校接受宗教教育，也上圣餐课。

　　"我总是被这些故事所吸引。以前我老是独自读《圣经》，我叔叔就给了我一本儿童读物。上帝所做的一切不是很好吗？实际上，在学校可以节省很多时间，因为所有的东西都已经在《圣经》里了。当我遇到苏西的时候，我当时就应该清楚，有些事情是不对的，但我却爱上了她。"

　　我好奇地问："你应该清楚什么？"

　　"这是一个很长的故事，和启示录有关，但我可以向你保证，启示录不会出现，因为这是神的秘密计划。"

## 恶魔的女儿

我有点疑惑，不明白其中的联系。

"这和你的朋友苏西有什么关系呢？"

"苏西是魔鬼的女儿，她把我扔进了精神病院。当时我还不知道情况，但今天一切都清楚了。苏西把那些声音安插在我身上，然后偷走了我的思想。很清楚的是，恶魔一直在背后帮她。他们想阻止我完成任务——而且他们暂时成功了。"

"你的任务是什么意思？"

然后，我们的谈话停顿了一下。但我并不觉得，他在怀疑并考虑要不要告诉我这个秘密，他对我太过敞开心扉了。相反，他正试图梳理清楚整件事，并考虑如何能让我更好地理解这一切。过了一会儿，他继续讲述。

"我是一个神，我已经告诉你了。我是上帝派来的，应该去拯救世界。我的任务是把人们从声音的压力中解放出来。人们能听到声音，看到奇怪的东西，而我的工作是阻止他们，引导他们回到上帝身边。所以人们现在总是心不在焉，找不到方向，我本来是要把他们从这里面解放出来的，但因为苏西，我现在自己也病了。"

"我不明白这一点。你说，所有人都能听到声音。虽然我仅能代表我自己，但是除非有人在场，否则我听不到声音。为什么我听不到声音，但你却能听到呢？"

他想了一会儿，然后给出了一个并没有说服力的答案。

"是这样，不是所有人都可以，有些人能听到，但你却听不到声音。能听到声音是有病的，但你是健康的，这就是为什么你听不到声音。能听到声音的人是有病的，所以我必须把他们解救出来。"

"所以，你也有这个病吗？你还说，自己能听到特别的消息。"

我想通过这个问题来看看他对疾病的了解，因为有妄想和幻觉的病人，很少能对疾病这个概念有什么了解。卡尔·雅斯贝尔斯认为这根本是不可能的，因为精神疾病对世界和自己的感知干预得如此之深，以至于不可能对所体验的东西进行现实的评估。作为妄想症的标准，先验的自明性和对妄想教条般的坚持，这些都导致了，即使这些看法是主观的，有时完全是怪异的，他们也认为是现实，而不是病态的。尽管如此，总有一些病人即使是在复式簿记的框架内，也能对部分疾病产生一些了解。在治疗过程中，病人能对疾病这个概念有充分的了解，通常情况下是很有作用的，这能拉远病人和妄想的距离。

过了一会儿后，托比亚斯·恩斯特肯定地回答了这个问题，但回答的方式有些令人惊讶。

"是的，这是一种严重的传染病。现在我也被感染了，他们让我也病了。但从生物学的角度来看，我是健康的，他们这样对我，让我不能完成我的工作，这都是苏西做的，是她让我也感染了。现在我也能听到那些声音，它让我脑子里一团乱麻，根本无法集中精力完成任务。实际上，我应该把人们从这种声音中解放出来，这是神的计划。现在我也染病了，魔鬼的计划实现了，这都是苏西做的好事！"

实际上，我想了解更多关于托比亚斯·恩斯特的人生经历。但他目前尚处在妄想的状态下，他所说的经历也总是带着妄想，想把两者分开并不容易，但我对苏西的故事也很感兴趣。

"跟我说说苏西是个什么样的人吧。你认识她的时候是多少岁？"

"我当时……我想，16或17岁。苏西和我同级。她非常漂亮，所有男孩都围着她献殷勤。她的父亲——被她称为父亲的那个人——叫考伊曼。他们住在老城区的一个大公寓里，还在波罗的海边有一座房子，我经常和她一起去那里。最初，我们在学校的操场上碰面。她和她的朋友们站在那里，虽然我并不是特别的害羞，但还是不敢直接跟她说话。但她走向我，对我说：'嗨，托比。我马上要写一篇关于地理的论文，我听说你对它很了解，你能帮我一下吗？'我当然没怎么犹豫就同意了，那是我第一次到她家。我们之间有太多话题可以聊，她实在是太好了，我们还一起去了艺术博物馆和剧院，这一切对我来说太新鲜了。

"我只和母亲一起去看过一次儿童歌剧。但是，我和苏西常去电影院，不过我对艺术并不感兴趣。去剧院的那天，她穿着红色短裙，黑色的头发松松散散的，脖子上戴着一条项链，前面有一颗小钻石。她让我觉得骄傲极了。除此之外，我们还常常在镇子附近的森林里散步。我们之间无所不谈，我绝不会和第三个人这样聊天了，我只是觉得和她在一起很舒服。我记得她曾经说过，她希望以后能养11个孩子和11条狗。"

当他告诉我这些时，他笑了。然后，他接着说："虽然我有点紧张，但在那里，我第一次吻了她，那时候真美好啊。"

"有一次我们去滑雪，在吕贝克！当然，当时没有多少雪，我们只是在山上滑来滑去，就这样也非常有趣。"

托比亚斯微微直起身子，伸了个懒腰，把双臂放在身前的膝盖上，眼神活跃地讲述。然后，他靠上扶手椅，右臂放在靠背上。

"很久之后，我才意识到这一切都只是一场戏剧罢了。"

他笑出了声。

"我指的是，她在演的戏。而我完全没有意识到，她只是受恶魔之托来窃取我的思想，而且她成功了。"

"你什么时候意识到的？"

"在我18岁的时候，我们没有在一起，她转学了，我们失去了联系。但后来有一天，我又看到了她，她和一位年长的男子坐在一家餐厅里。当我看到他们时，那个男人立刻向我眨了眨眼。你明白吗？"

"不明白，那是什么意思？"

"嗯，这很明显。我马上就明白了，这个男人就是魔鬼，是苏西的亲生父亲。他认出了我，并知道早在几周前，我就可以听到那些声音，我被成功感染了，他们的计划也成功了。他对我咧嘴一笑。"

"但你是怎么认出这是魔鬼的，他暴露自己了吗？"

托比亚斯·恩斯特想了一会儿，试图回忆。

"不，他当然不会说自己是魔鬼。但当我走到桌前时，他冲我点了点头，我立刻懂了：他就是魔鬼，上帝的声音也证实了这一点。然后我就离开了，没有再去看苏西，这显然是个阴谋。"

在我们的谈话中，托比亚斯告诉我，他在18岁时就开始能听到这些声音，大多是女人的声音，但他也听到过男人甚至是孩子的声音——这些人说话很混乱，有时上帝也会跟他说话。即使房间里没有人，他也能听到这些声音。当他上街时，这些人也陪着他，并且一直评价他做的事情。这些声音会相互交谈，有时还会对他发号施令。例如，告诉他什么时候应该回家，应该上另一辆巴士，有时他会反抗这些声音，直接上第一辆巴士。然而，大多数时候，他都屈服了，按照这些人的吩咐去做。在学校的时候，托比亚斯跟不上学习进度，没有通过期末考试。他的父母很担心，带他去看家庭医生。托比亚斯告诉医生，他能听到那些声音，他怀疑上帝正安排他去完成一些特别的任务。听了他的话之后，家庭医生安排托比亚斯·恩斯特住进了精神病院。这也是他第一次进精神病院。

# 古怪妄想

妄想的体验对患者来说是很可怕的，首先是因为他们独特的体验，这种体验会将自己与周围人的经验与意见隔离开来。但是对于健康人来说，它也有许多迷人的方面，例如能看到我们的大脑中发生的事情，发现我们的意识、经验可以和普通世界观有多么大的不同，这真是令人惊讶。我们已经知道，意识经验变得主观，也就是病人的主观经验模式，这是妄想的标准之一。病人的意识经验是主观的，跟和他们生活在一起的其他人对现实的感知完全不同。妄想有各种各样的主题，迫害妄想和宏伟妄想也许是最著名的，但还有无数其他的妄想。人们可以对有罪产生妄想（有罪妄想），对有身体疾病或即将患病产生妄想（疑病妄想），对嫉妒产生妄想（嫉妒妄想），或对贫穷产生妄想（贫穷妄想）。

所有这些例子的共同点是，虽然它们所涉及的主题我们并不陌生，但因为这些概念都和我们的健康有关——所以当我们处在一个自己觉得微不足道的场合，听到一个患有内疚妄想的病人坚定地表示，自己犯下了严重的罪孽，就算这件事本身很难理解，我们也可以尝试着去理解，因为我们知道什么是罪孽，也知道什么是负罪感，所以我们很容易对它产生共鸣。即使没有合理动机证明病人受到了迫害，但我们还是可以想象到迫害的对象，这个联想的过程有助于我们理解被迫害妄想症。我们可能有过上述的经历，这些我们都很熟悉。至少对我这个斯瓦比亚人来说，贫困这个话题并不太陌生。我们肯定都曾在某个时间没来由地担心自己会得病。医学生很了解这种感觉，他们会把上课讲的疾病材料投射到自己身上，并且觉得自己身上也出现了症状，但即便如此我们也不会因此产生妄想。哪怕是对身体状况的每一个变化都很敏感的竞技运动员，也会对生病产生极大的恐惧，但这并不是疑病妄想。

正如上文描述的那样，妄想会因主体的体验方式的不同而变得更加复杂。可能会变得贫穷，这种担忧可能会变成更为具体的恐惧，但对于贫穷妄想症来说，我们的忧虑程度是远远达不到的。相反，必须加上其他的标准：先于经验的自明性、僵化的信念和教条式地坚持自己对现实的概念，甚至是对矛盾的坚持。对上述类型的理解，可以帮助我们更好地理解这些妄想主题。精神病学家沃尔特·冯·拜尔（Walter von Baeyer）将这种从忧虑到夸张的恐惧再到受迫害妄想的转变，描述为"滑动的转换"。因此，可以说，我们陷入了这些问题，从健康人的日常问题到患者的过度担忧，再到患者的妄想。

和上述情况完全不同的是：有一些古怪的妄想体验，我们无法理解这类病人。例如，这类病人体内生活着很多人，他们建造工厂，患者可以闻到他们的气味，他们在撕咬患者的内脏——因为我们在日常生活中没有此类的体验，它是很陌生的，所以它很难与内疚、嫉妒或迫害的这类妄想相比。我们不能从健康的状态转换到这类妄想，也不可能有这样的妄想。例如，我是一个神，认识恶魔还和她的女儿有一段恋情，能够通过高低气压在三个不同的世界之间来回穿梭，除此之外，还有一些更怪异的妄想的例子。

当病人的妄想中出现完全荒谬的想法时，这种妄想被称为古怪妄想症，有时也被称为不现实妄想症。这个类型本身就具有妄想的特点，因为他第一眼看上去就符合妄想的判断标准：主观的现实观。但因其不真实的体验，其他的判断标准也特别重要，人们会认为，这种妄想这么古怪，从而更容易说服病人摆脱恐惧。

但这是不可能的！我曾经体会过一次。有一个病人曾告诉我，他出生在一个外星球上，而且不仅仅是他一个人。他说，每个人都有一个替身。我当时还是个学生，有点粗心。那个病人凝视着我，我想他有点后悔自己的坦率，因为我听他讲述之后的反应和他的家人朋友没有什么不同，所以我也属于那类不理解什么是世界真实的人。

那些妄想极度古怪的病人，他们对这些明显很离奇的妄想如同教条一样坚持，而且是令人震惊般的坚持，和其他妄想症一样，妄想清晰且根深蒂固。和我们所熟悉的那些主题相比，这些怪异的妄想会出现更多的断裂，因为患者会在日常生活中反复遇到很明显的矛盾，而且这些矛盾他们往往无法解决。这就是为什么患有古怪妄想症的病人，通常不能像其他妄想症患者那样，逻辑连贯地、系统地讲述他们的经历。相反，他们的叙述往往是零散的，因为他们的矛盾没有得到解决，所以在他们的讲述中这些矛盾都被保留了下来。

我问托比亚斯·恩斯特："为什么是你被魔鬼的女儿选中，而不是其他人。"

他下意识地回答："没有多想。"然后，他又说："嗯，这很明显。因为我是神，他们肯定知道这一点，而魔鬼想要妨碍我，让我不能执行我的任务。"

我不想放弃这个问题，于是继续提问。

"好吧，但为什么你是神？上帝为什么选择你？"

他再次快速回答。

"因为我已经皈依了，就是这样的。所有在十字架前皈依并承诺效忠上帝的人，都是圣徒。"

"但他们不是全都信仰基督教呀。"

"不，只有那些已经皈依的人。"

"那么有多少人呢？"

"嗯，肯定有几百万，也许几十亿。"

"如果有这么多人，那么你就没什么特别的了。"

"我不想成为特别的人。我就像耶稣，每个人都讨厌我。他们都认为自己是对的，我必须说服他们，我是神，他们是错的。"

他已经变得有些烦躁，身体微微向前倾。空气中弥漫着烦躁和紧张，我知道我必须尽快结束谈话，但有一个问题对我来说仍然很重要。

"我还是不太明白，你说你是神，但是同时有那么多的神，你和其他的神有什么不同呢？"

"我有任务，我要把人们从他们的声音中解放出来。"

这整段话表明，那些患有古怪妄想症的病人，他们的体验不一定有一致的逻辑，甚至是不连贯的。但是奇怪的是，患者可能会对矛盾或无法解释的事情置之不理，同时又完全相信他们所经历的一切是真实的。通常情况下，病人讲述的逻辑是循环的，以至于我们无法进一步理解整件事：托比亚斯·恩斯特是神——他有一个上帝给他的任务——但他并不是一个人，有数十亿的人和他一样——但他还是很特别——因为他是神。这是他们在认知上所做的努力，它使病态经验的各个部分被联系在一起，寻求解释并相互建立了联系，这种认知构造被称为妄想构造，我们千万不要将它与批判性认识相混淆。妄想只是通过这种认知构造变得更加连贯，而不是受到批判性的质疑。但是病人并不总是做出这种努力，有时妄想出现在零散的元素中，它的背景并不清楚。这样一来，病人的妄想故事往往就无法理解了。然而，妄想的发展动态总是遵循一个有规律的模式。它包括从妄想性心境到妄想性知觉、妄想性想法和妄想性思想，直至妄想系统。

# 妄想性心境和妄想构建

　　妄想往往始于精神病理学中的**妄想性想法**。这是妄想体验的第一个阶段，非常有特点。日常生活的经历都具有特殊的意义，患者认为肯定有事发生了，但真的发生了什么，他仍是模糊的。知道有事情要发生，但又不清楚会发生什么，这种混合的感觉使一种不祥的紧张情绪由此产生。"这种情绪包括对意义和关系的衡量、思考、假设和期望，不被他人所理解。"即使是健康人，这种状态我们也不完全陌生。我们知道，在一些情况下，我们对实际上发生的事并不是那么清楚，但又有一种预感，有什么事情发生了，这是一种非常令人不快的状态，我们希望尽快摆脱这种状态。也就是说，我们知道有事要发生，这件事可能是非常不愉快或者是有威胁的，这意味着我们要为此尽力寻找解释。我们试图解释我们周围的事物，尽快了解当下的情况，我们希望一切变得清晰可见，于是我们开始解释这种现象。

带有妄想性知觉的人也会这样做，他努力寻求解释。但是在妄想性知觉中已经出现一些病态的东西，这一点很清楚，因为他们的假设很可疑，无法被他人理解。从他们周围的健康人的角度来看，他们没有理由去推测会有厄运发生。例如健康的人可能会说"这不是那么糟糕"，或者"可能只是一个巧合"，或者"没有其他迹象表明会发生什么"。然而，在妄想症初期发病时，已经不可能出现此类降级的想法了。患者确信会有事情发生，最后为了清楚地了解一切，去寻求现象的解释，而这些已经被纳入妄想性思想中了。

库尔特·施耐德（Kurt Schneider）描述了（妄想）清晰性在妄想性知觉之后出现的方式。他描述了两种可能的方式。其中一种是，人们在思考一件事，然后根据一个突然产生的念头仓促得出结论，且认为是正确的。

有时，医生在检查病人时会遇到这种情况。在柏林墙还没倒塌的时候，一个年轻人来找我，他怀疑自己被民主德国国家安全局跟踪了，这个妄想主题在当时很常见。他表达了自己的怀疑，并说他有一种很不愉快的感觉，觉得诊所里也有问题。在他的讲述过程中，他突然停了下来，怀疑地看着我。过了一会儿，可以明显看出，他突然明白了跟踪他的人是谁，吼出一句话："你也是他们中的一员！"

这个经历也对我后来的学业有所帮助，因为那是我第一次见到典型的妄想性想法，但这也阻碍了病人的治疗，我花了一段时间才重新获得他的信任。我明白了这种妄想性想法的意义，未知且不祥的预感让人如此不快，以至于突然的清晰解释，即使它是妄想（例如我真的没有跟踪过他），也还是给病人带来了解脱。知道我跟"他们"串通好了，虽然会让他感到些不愉快，但是他至少知道现在发生了什么，这缓解了他情绪上的紧张。从这个角度来看，妄想性想法可以帮助缓解妄想性心境带来的压力。

但还有第二种方法可以摆脱妄想性心境。那就是：通过感知来获得清晰感，感官印象有助于形成对正在发生的事情的印象。我举一个例子，有一个病人产生了古怪的妄想，他觉得自己认识上帝先生和他的夫人，偶尔能看到他们，而且能描述他们的长相。上帝很高，有一头卷发，肤色是褐色。我对这种描述感到相当困惑，因为他描述的外貌和他自己很像，但是他的妄想内容并不是自己是上帝，相反，他希望能和上帝的夫人开始一段恋情。那是一个漂亮的女人，有一头金色的长发，他有点爱上她了。但每当他看着一个黑色的面板，就是上帝夫人再三地向他示意——他不能和她相爱，这意味着上帝夫人就在他的身后，她在向他表明，她的身体对他来说是个禁忌。在库尔特·施耐德看来，这种通过感知产生的妄想性见解是精神分裂症的一个特征性因素。他将其描述为首级症状群（一级症状）。

在目前ICD-10的诊断系统中，妄想性知觉仍然是诊断的一个重要标准，施耐德将妄想性知觉描述为两个环节。第一个环节是对现实的认知。我们也可能对一个黑色的面板有同样的感知，但是感知本身并没有什么病态的地方。然而，病人对黑色面板的解释和我们不同，所以，正确知觉的异常解释是妄想性知觉的第二个环节。根据施耐德的观点，如果在特殊情绪状态下，这种异常解释能够被理解，那么必须将它和特殊经历区分开来。他举了一个例子，一个有强烈被捕恐惧的病人，因为过于紧张，他觉得每个上楼的人背后都跟着一个刑事官员。妄想性知觉出现时，没有任何明显的原因，这种无害的知觉会有自我牵连感，这是精神分裂症疾病的特征。根据托比亚斯·恩斯特的讲述，他在餐厅的经历就是这种妄想性知觉的形式结构。苏西的同伴对他点了点头，这是真实（"无害"）的感知，然后他确信这个人是魔鬼，这是他妄想的解释，这个知觉就不再无害了。

妄想性想法和妄想性知觉可能是转瞬即逝的。另一方面，如果它们稳定下来，在一定时期内，一直保持对事件进行妄想性的解释，这种想法就被称为妄想性思想。病人用妄想性思考来解释世界，以及在世界或他身上所发生的事。妄想性思想为病人创造了这样的清晰认识，并通过稳定引导妄想性思想和妄想性知觉的中间步骤，将病人困在妄想性心境这种不正常的状态之中。

要获得这样的清晰感，就需要进行心理构造，人们就不得不思考那些奇怪的经历和不祥的期望，为此努力寻找解释。病人在这里所做的努力有一个美丽的术语，即**妄想构造**。如果做了很多的解释，妄想构造这个过程很明显，那么就表明妄想的进展十分迅速，病人忙于调和经历和对应解释中的各个要素。一旦完成了妄想的构造，所有奇怪的事情都得到了某种程度上的连贯的解释，尽管它是妄想，那也意味着妄想系统的产生。最显著的情况就是，所有的一切都相互联系在一起。在这个妄想的大厦里，一切都有了意义，一个无懈可击的充满妄想解释的故事已经形成。

有趣的是，妄想症患者在向自己解释现象时，他们感到的压力会更大。他们对事件进行解释的速度更快，比健康的人更快得出结论，这或许缘于妄想性心境是病人去寻求解释的动力。在任何情况下，有妄想性经历的人都比正常人更快地得出解释，正常人可以认为一段经历、一个感知或一个想法是理所当然，然后花更长的时间去思考它们是否是巧合。健康人和妄想症患者在寻找解释的需求上的这种差异，可以通过一个不同颜色玻璃珠的实验来进行调查和证明，你也可以在自己身上试试这个实验。

# 要多肯定才是肯定？

当我们在日常生活中做决定后，有时会觉得它很正确，但有时又觉得应该等一等再决定，另一个选择可能会更好。站在原地往回看，我们应该更明智一些，但我们总要在知道确切后果之前做出决定。那些总认为自己该做出不同决定的人，他们是在制造一些不必要的麻烦。我们总是在现有信息的基础上得出结论，如果后来出现了新的信息，我们就要重新思考，然后做出更好的选择，但是我们原本的决定必须在没有这些额外信息的情况下得出。

一个重要的问题是：什么程度的确定才足以让我们从现有的信息中得出结论。多肯定才是肯定？或者换个说法：我们需要多少信息才敢对某一情况做出足够肯定的判断？当然，这取决于许多因素，一方面，情况本身会影响决策。在冰激凌店中决定选择哪个口味的冰激凌，和在紧急情况下做出生死攸关的决定，这两者是有区别的。第一种情况，我们可以慢慢来。我们可能会想象一种冰激凌和另一种冰激凌的味道，回忆上次享受冰激凌的情景，想象不同的味道在我们的嘴里融化，我们也可能被同伴选择的冰激凌所影响。但是，第二种情况，在事关生死的时候，我们不得不迅速做出决定，而不能长时间地去思考决定的后果。

我们的个性也肯定会影响做决定。我们都能够理解，多疑的人会反复思考每件事，直到最终得出对某种情况的评估。但这些人在得出结论和做出选择之前，无法获得足够的信息。和他们对立的一端是行动派，他们冲动，决策迅速，仅需一点点信息就足够他们得出结论。这两种人并无好坏之分。鲁莽的人更容易犯错，因为他们做出选择所依据的信息太少了。另一方面，多疑的人有时会错过重要选择，因为他们的决定拖得太久了。

但我们假设有一个普通人，既不是多疑的人，也不是冒失的人，同时他也有足够的时间去做决定，那他什么时候才能确定自己有足够的把握做出选择呢？为了验证这一点，我们可以玩一个有趣的游戏，它就是玻璃珠任务，或者在德语中被称为经典玻璃珠范式。

想象有两个罐子，如下图所示。玻璃罐A和玻璃罐B，两个杯中分别装有100颗不同颜色的玻璃。

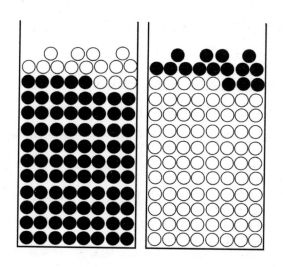

在玻璃罐A中，有85颗黑珠和15颗白珠，而在玻璃罐B中，有15颗黑珠和85颗白珠。接下来，大力摇晃两个玻璃罐，直到里面的玻璃珠均匀分布在罐子里。

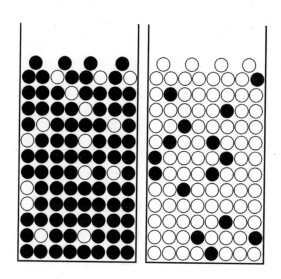

但是玻璃罐A中仍有85%的黑色珠子，而玻璃罐B中也有85%的白色珠子。

现在盖上两个罐子，给你看一颗珠子，假如它是白色的。你的任务就是判断这颗珠子是来自玻璃罐A还是玻璃罐B，你只需要在确定的情况下再做决定。当然，白色的珠子来自于玻璃罐B的概率更高，因为玻璃罐B中有更多的白色珠子，但你只会在非常确定的情况下再做出决定，只有一颗珠子（即一条信息），大多数人仍不能充分肯定来自玻璃罐B，因为玻璃罐A也含有15颗白珠。所以，你会向实验者多要求一条信息。他又拿了一颗珠子，唯一的条件是：他从同一个罐子里抽出珠子，但是你当然不知道是哪一个罐子。

第二个珠子也是白色的。现在有够多的事实证明，实验者可能是从玻璃罐B中抽出了两颗白珠子。但也有可能是他偶然地从玻璃罐A中捞出了两颗白珠子。因此，安全起见，你要求从同一个玻璃罐里再取一颗珠子，这时又是白色的。你现在有足够的把握确定是从玻璃罐B中拿出的吗？或者，为了进一步确定这一点，你也许还需要更多的信息：再抽一个新的珠子。这个也可能是白色的，问题是你需要多少信息，才能充分地肯定实验者是从玻璃罐B中抽出的珠子？

这个实验还可以做些其他改变。在大多数研究中，珠子是黑色和粉红色的（不是白色），有时是绿色和粉红色的。研究不同，珠子的分布也是不同的，比如说这里是80：20的比例，在其他的研究中是60：40。而且，实验本身也可以修改，比如说改变操作顺序，在两个白珠子后再安排一个干扰选项，一颗黑色的珠子，在你确定珠子来自玻璃罐B之后，又被黑色珠子干扰了。现在，你又被黑珠干扰了判断，但在那之后，白珠又出现了。因此，该实验可以有许多变化。

然而，可以确定的是，妄想症患者得出结论所需的信息，明显少于健康人对照组。这一现象已得到了充分的研究，最近的两项大型实验分析总结了38篇罗斯（Ross）的研究和55个杜德利（Dudley）的研究，每项研究共有约2000名参与者，最后得出的结果很清楚。妄想症患者在做决定前需要的珠子比健康的人少，比未患有妄想症的其他精神疾病患者更加少。而且存在这种趋势：病人的妄想越明显，做决定就越快。

长期以来，这种现象一直被称为"妄下结论"（jumping to conclusions bias），患妄想症的病人不会悠闲地得出结论，而是在得到一些信息后就要迅速得到一个解释，他们似乎比健康的人要更快地去解释他们环境中的事件。如果他们在不同的地方连续两次遇到同一个人，就会很快怀疑这个人可能在跟踪他们；健康的人肯定会认为两次相遇只是一种巧合，如果发生了第三次，我们会认为这是一个奇怪的巧合，到了第四次，我们也可能怀疑，但肯定不会在第二次就得出结论。如果我们把这个例子一般化，假设妄想症患者的怀疑程度普遍比较高，那么，妄下结论的基础就是成立的。也就是说，当一般的猜疑能迅速变成具体的怀疑，然后变成妄想的内容时，就不再那么令人惊讶了。这种"无故自我牵连（个人臆测）"是妄想的基本特征。

目前还不清楚怀疑程度的提高是否是一个独立的因素，或者是否可以用妄下结论来解释。如果我能从最小的迹象中推断出某种肯定解释，那么我就很难再相信巧合，而是觉得到处都是有意识的规划，这些都可能是针对我的，因此我对周围发生的事情多一点怀疑，也是合乎逻辑的。可以看出，即使对健康的人来说，当事情发生在他们身上时，往往都很难接受巧合这种解释，妄想症患者更无法做到这一点。每件事都应该有意义，而玻璃珠实验表明，这个意义是迅速构建的。这种"对巧合的彻底否定"一再出现在妄想症患者的身上。

顺便说一句，我们还没有讨论过玻璃珠游戏的合理性问题。也许你自然而然地假设健康的人的决定是合理的，而妄想症患者的决定是不合理的，这个结论下得过早了。从数学上看，结果不得不让你失望了，统计数据显示的结果是不同的。第一颗白珠从罐子B中拿出来的概率是85%。这其实是比较高的。拿出第一个珠子之后，在这个罐子，100个珠子中只有15%的概率会猜错，然而，这是否达到足够高的确定性了呢？这一点是值得商榷的。但在第二颗白珠之后，就不能这样说了。这两颗白珠不是从玻璃罐B中拿出来的概率只有3%。因此，在玻璃罐B中的100颗珠子，只有3%的概率会猜错，这个概率非常低了。到了第三颗珠子，正确概率提升很小，从第二颗的97%变为第三颗的99%。就正确率而言，没必要再要求拿第四颗珠子了。当然，只有拿出16颗白珠时，才能完全确定（它们不可能都在罐子A中）。但是97%的概率实际上足以得出几乎确定的结论。从数学的角度而言就是这样，但我们不是数学领域的专家。当涉及得出结论时，我们往往有点迟钝，宁愿多等一会儿，毕竟信息多一点通常不会造成什么伤害，我们倾向于采取更加保险的方案。然而，从数学的角度来看，妄想症患者在研究中的决定是合理的，只是他们的行为和健康的人不同。

# 预测错误

　　玻璃珠实验是关于概率的正确加权，预测误差最小化的模式也与此有关，这是另一个可以解释妄想机制的模型，因为妄想与关于未来会发生什么的错误信念有很大关系，而这些错误的信念是由于对发生的事情和感知到的事情做了错误解释而产生的。在玻璃珠实验中，我们看到妄想症患者得出结论的速度太快了，至少比正常人更快。通常情况下，少量的信息就足以让他们对已发生或将来会发生的事情做出预测，几样证据就足以让病人知道他正在受到迫害，而且这些迫害者会伤害他。

　　在这种情况下，最近提出了一个颇具解释性的认知神经科学理论，它也与预测机制有关。该模型的构思有个拗口的名字——**预测误差最小化**（Prediction Error Minimisation）。然而，它背后的想法却不那么坎坷。

我们大脑的一项基本任务是：对近期和远期将发生的事情进行预测，这种预测是一种自我保护。出于这个原因，目前有一个模型将大脑描述成一个预测误差最小化的器官①。预测误差最小化的模型概念与原始的刺激反应模式相去甚远，刺激反应模式是基于这样的想法：环境中发生了一些事（刺激），我的大脑（当然还有整个身体）会自动地做出或多或少的反应。模型就是：新的刺激，新的反应。

我们如何在大脑的帮助下处理与世界的关系，事实上要复杂得多。比起粗糙的刺激反应模式，减少预测偏差模式包含了更多更复杂的解释。这要从感知本身开始说起，不是所有发生的事情都能被我们感知（我们稍后再说这一点）。刺激是有层次的，然后会被传递下去，对刺激的解释也是有层次的，其中有一些威胁生命的来自环境的信号，我们必须立即感知，不应长时间地考虑。它们会产生迅速的、大多是自动的反应，因此它们有着密切的对应刺激反应模式。但幸运的是，这种情况很少，尽管威胁生命的信号出现得比我们意识到的更频繁，但在我们的大脑进行快速评估时，它通常被放在一边。

假设十字路口的红绿灯是红灯，你站在旁边，左边的汽车正高速向你驶来，这时你会感到危及生命的刺激，当然，你不会每

---

① 雅克布·霍威（Jokob Hohwy）在他的《预测心智》（*The predictive mind*）一书中，提出了一个关于我们大脑功能的全面理论。预测误差最小化的模型很有用，它也可以帮助我们理解妄想的现象。

165

次都吓得跑掉，你知道汽车会超过你，或者过会儿红绿灯变了，汽车停了，你可以安全地穿过马路。你很快就能够把刺激归入你所熟悉的情况之下。你的大脑会根据这些知识或你先入为主的观念进行预测，并反复检查预测（预期）与外界发生的事件的偏差。大脑试图让这个偏差尽可能的小。这就是预测误差最小化模型的基本思想。假设一辆向你驶来的汽车开始摇晃，不再稳稳地笔直向前行驶，而是蛇形行驶，并且还在加速。如果是这样，你肯定想要躲开它。这时出现了新的情况，你的预测是：汽车会停下或开过去，此刻接受到的刺激是：摇晃着行使中的汽车，这二者之间出现了差异，这时一个新的预测形成了，也就是：可能会出现新的危险。逃跑或者躲开会再次减少假设与真实感知之间的差异，在这种实际的情况下，可能会挽救你的生命。

许多批评大脑研究模型的人提出反对意见，认为此类的各种想法都是还原主义，把人或者他的大脑看成是一个纯粹的反应装置。这种批评往往是合理的，因为提出的假说不够全面，无法描述出我们大脑中的复杂过程。最重要的是，把大脑等同于人类，或作为一个脱离人类的器官，这样的研究会发生错误。

然而，预测误差最小化模型中所描述的机制，确实包含了我们对世界的积极影响的想法，而不仅是由一些外部刺激引发的。也就是说，不仅仅是作为一个纯粹的反应装置。我们并不像一张白纸一样进入感知环境中，相反，当我们身处一个环境状况时，我们承载着需求、欲望、情绪、态度和考虑。我们带着这些内在能量接近世界，体验世界上的事物，做出预测，将预测与我们所体验的事物进行比较，努力使两者之间的差异尽可能小，并且在发生了什么之后立即再次改变，就像是来自外界的持续刺激和与它的积极互动的相互作用。而我们大脑的运作就像"南非国父"纳尔逊·曼德拉（Nelson Mandela）的箴言："我从不失败，要么赢，要么从教训中学习。"

当然，在进行预测时，惊吓是不可避免的，它们会花费大量的精力，不断出现的惊吓使我们无法轻松，一直处于紧张状态，因为总有可能会发生一些意想不到的危险，所以最好的情况是：能在某种程度上估计到未来。但永远不会感到惊讶也会很无聊，因为这意味着我们将永远不会经历到新的东西，我们也不会改变。在我的窗台上有一张卡片，上面有一句我很喜欢的话，这句话表达出了一种矛盾的意图："我已经决定了！请不要用事实迷惑我。"这句话在心理治疗中也是有用的，特别是当它对一个人先入为主的观点进行质疑时。

尽管如此，我们所预测的，或者说我们的大脑对未来的预测，在很大程度上取决于我们的期望，我们认为可能或不可能的东西，基本上就是事实。这又取决于我们的性格、阅历、教养和基因。这种预测在两个不同的人身上不可能完全相同。

我们会对即将发生的事件进行预测，它的重要性也强调了我们总是受到刻板印象和偏见的影响，它使我们的生活变得更轻松，因为它将意外发生的情况降到最低。我们倾向于将发生的事情与我们的偏见进行比较，使其符合我们现有的世界观。所以不熟悉的事物很少让我们感到惊讶，在我们克服偏见并接受新事物带来的惊吓之前，还有很长一段路要走。我们更愿意将我们体验到的惊讶融入我们已经知道的东西，从而减少认知上的不协调。这样看起来，我们是真正的"马后炮"冠军。"我早就知道"，这句话是人类最喜欢的想法，这让那些令人惊讶的事情变得不再那么奇怪。有许多科学研究表明，看似如此确凿的事后解释大多是基于观察错误。

让我们回到预测错误最小化模型。根据上文的描述，世界上发生的事情和它在我们身上引发的事，它们二者间的互动是一种复杂的相互影响，在这之间我们虽然是一个接受者，但是也有主动的部分。我们可以这样说：不断出现的新情况、对此我们的态度和通过想法的改变而变化的环境，自我与环境的互动，这三者是复杂的相互作用。该模型也可用于解释抽象的事实，如个人身份、情感、自我或内省的想法。可以预见，在进一步的经验研究中，该模型的重要作用是可以被证明，它是理解大脑功能的一个概念框架。从解释模型中已经研发出了第一批治疗措施，在后文中关于治疗妄想和幻觉的部分，我们将再次讨论这个问题。

# 自我意识障碍

在后来和托比亚斯·恩斯特的一次谈话中，我想起了他在我们谈话开始时说的一句话。

"你曾经告诉我，魔鬼的女儿让你进了精神病院，你这样说是什么意思？"

那是11月，天气很冷。诊所所在的旧楼里房间供暖不太足，我感觉很冷。而托比亚斯·恩斯特和往常谈话时一样正放松地坐在扶手椅上，他并不冷。他穿着一件红色的套头衫，上面有一个黑色的条纹，像一道闪电一样显眼。

"太糟糕了。想象一下，当时我才18岁。苏西把那些声音投放在我身上，偷走了我所有的思想，从那时起，我没有自己的思想了，有时一些动作也不是我做的。"

"这我不明白。我们现在正在互相交谈，这意味着你是可以表达自己的想法的呀。"

"是的，但这些不是我的想法。它们被喂给我，就像那些声音一样，我被他们指导。这些想法是苏西的，也是魔鬼的。包括我的肩膀有时会这样抽搐……"

他抬起自己的右肩膀，又放下。"这不是我在动肩膀，是他们对我做的。"

他声称，不仅他的思想被夺走了，而且他现在所想的也是别人给他的。他再也没有自己的大脑，只有一个巨大的黑洞。甚至，他有时想要做的动作也是由魔鬼控制的。即使生气也不是他自己的感觉，而是别人在他身上产生的。

"然后他们让我感到愤怒。"

这些也是很奇怪的说法。由于这个原因，在英美科学界，这样的妄想体验被归为一种古怪的妄想。另一方面，在德语地区的精神病理学传统中，这些妄想体验的特点被称为自我意识障碍。自我意识障碍的特点在于，我们所感知的自我与我们所在的世界的关系发生了变化。

为了理解这一点，我们必须首先处理一些看似不言而喻的问题。我们都能清楚地意识到，我们是一个独一无二的人，我们是"自我"。这种自我意识的确定性的一部分是，我们是有生命的，能独立、自主地决定自己的思想和行动，我们是统一以及相互关联的，与其他的生命和事物是不同的、有区别的，在人生进程中、各种情况下，我们总是保持"自我"。我们当然会变老，变得更有经验，我们的体形会发生变化，有了小肚子，也许头发长长了，学到了新东西，或者改变了我们的政治观点。但这不是独一无二的意思，因为我们认为所有这些变化都是自己的变化。我是收获了经验的人，我也是长了小肚子的人，至少我妻子是这么说的。我的意识是清醒的，我是一个意识明确的人。我就是我。这种自我意识的建构，一个"控制、指导和调节意识的核心"，表现为一个人对自己的存在和自主性、内在的独立、与外界的界限以及对自我认同不变的体验。对于"我就是自我"这个观点，我们是如此坚信，以至于对它的思想上的讨论，听起来也有些暴躁和伪哲学的味道。然而，当这种看似不容置疑的确定性被干扰时，我们就会发现，这种意识核心是多么基本的东西。

病人认为，他们和健康人有同样的意识和确定性，但是他们体验到的自己却不再是自我，他们正受到外部的影响，有什么东西正在对他们进行干预。他们的思想内容可以被别人洞悉（思维扩散），他们的想法是别人强加给他们的（强加的情感、思想），或者他们的想法被别人拿走了（思维被夺）。托比亚斯·恩斯特也有过这些症状，这些症状都是患者真实体验到的。他所有的思想都被巫师带走了，他不得不以别人的思想思考。他自己的想法已消失在一个大黑洞里。

然而，自我意识障碍并不仅仅是指思想上的，就像我们的病人，他们认为自己的行为和感受是被他人控制的。我察觉到手臂在动，但不是由我控制的。我感受到我体内有一种愤怒在沸腾，但这根本不是我的，它是别人给我的，而我现在必须感受它。有一次，一个病人走到我面前，挥舞着他的左臂。

他说："你知道吗？医生，我可以看到有一只手臂挂在我身上，但那不是我的手臂。"

所有这些现象的基础，是所谓的自我与环境的边界（自我能动性障碍）。

这个概念是基于这样的假设：对我们是什么以及什么不属于我们这个概念，我们有一个清晰的认识。不用多想，我们区分了"我"和"非我"，并对两者之间的界限有清晰的认识，例如：左边挂在我身上的手臂当然是我的手臂。当我在心理学讲座上问我的听众，自我和非自我之间的界限在哪里，大多数人可能会回答：我们的皮肤。它将自我与环境中的非我分开。但也有少数几个学生反驳说，每个人都有一个光环形成的区域，这个区域大约延伸到我能够到的范围，这个范围内仍属于我的自我。还有一些人认为这整个问题完全是无稽之谈。很遗憾，我不能和他们进行下面的心理练习，但我希望能和你们一起完成。让我们回到刚刚的话题，皮肤是我和非我之间的界限。

皮肤当然是其中之一。如果我们在显微镜下观察皮肤层，我们会发现，孔（细胞间空间）几乎比细胞壁更多，他们之间没有明确、僵硬的界限，这一点甚至和皮肤的功能不相符合，因为尽管它要行使某种边界功能，但它也要让身体和环境进行差异性的交流，并且对其进行调节。仅这个例子就表明，自我与非我，即自我与环境的边界，并不像我们认为的那样简单，即使它能让我们清楚自我认同。我们再来看看其他几个例子。

你的手中有一个苹果，苹果不是你身体的部分，所以它属于非我。现在，你吃掉苹果，咬进嘴里，然后吞下去，苹果会在胃里通过胃粘膜被吸收，成为你血液的一部分。然而，血液是属于自我这个范围的，几乎没人会怀疑这一点。属于非我的东西已经变成了自我的一部分，由非我变成了自我，这是在哪里发生的？这个问题的答案各不相同，不像开始时那样清晰。大多数人说，他们的胃粘膜使自我与世界的边界延伸了，因为随着被消化和吸收，异物苹果已经成为他们的一部分，成为血液的组成部分。然而，许多人也说，只要吞下一口苹果就行了，因为那时我们就不能再感觉到苹果，所以我们不能再把它看作是外来的东西。少数人认为，当把苹果咬进嘴里的时候，非我就变成自我了，因为我们嘴里的东西就属于自我。这个问题的不同答案之间并没有对错之分，它们只是自我环境边界的不同概念。这说明，当我们在思考这个问题时，整件事本就不清晰。然而，我们对自己是什么有坚定的认识，因此也对不属于我们自我的东西，即自我环境边界之外的东西有坚定的认识，这个感觉是正常的。

根据这些实验的思想意义，还有一个可以参考的例子，关于早晨在镜子前梳头可能会发生的情况。头发当然是我的头发，它属于自我，但有些被梳理出来了，现在正躺在水槽里，现在它们是仍属于我的自我，还是已经成为环境的一部分？就因为它们不再和我其他部分相连？这部分的我的自我是否已经死亡，就因为它们不再和剩下的大部分相连？对这个问题的答案各不相同。

另一个能让我们思考的例子是怀孕。最开始是受精卵，当然这时它属于整体细胞的一部分，也就是自我的一部分。然而，慢慢地，女人体内有了一个婴儿，在出生前的这段时间里，她会有一个明确的意识，她的体内正怀着另一个人。所以在这里，一个自我变成了一个非我，我身体的一部分变成了一个和我有区别的人。这是什么时候发生的？几乎所有我问过的妇女都会回答，是在感觉到第一次胎动的时候，也就是怀孕20周左右。

这些例子告诉我们，当对自我环境边界以及自我认同提出质疑时，这种看似坚定的确定性是多么的脆弱。然而，作为正常人，我们并不会质疑它。在我的讲座上，我总是用一个例子来证明这一点，我和学生通常都会觉得很有趣，这个游戏是：每个人都闭上眼睛几秒钟，想一些非常下流、色情的事情，一定要是真的很肮脏下流的事。在有人开始怀疑瑞士大学发生了什么，并考虑向校长举报我之前，我会马上解释这一切的教学意义。当我问谁不能玩这个游戏时，每次都会有几个开玩笑的人站出来解释说，他们没有想到任何下流的事情，但大多数人都能顺利做到。这是为什么呢？正常人自然知道，周围的人无法听到或知道他们刚才所想的东西，他的思想是属于自己的。相应地，当大多数人想到隔壁的同事真的能听到他们的想法时，他们应该都会脸红，但是实际上没有人脸红。不是因为当今这些人是老顽固，而是因为别人能知道我在想什么的这个想法，是完全不可能的，但是有自我意识障碍的人不是这样认为的。

只有在精神病患者自我意识失调的框架下，我们才会意识到，失去了我即自我这个意识会产生多么严重的后果。你可以在家里和另一个人一起做一个有意思的实验。把左手食指垂直放在空中，要求对方用右手的食指做同样的动作，现在让两根食指慢慢靠近，使指尖相互接触。你会感觉到另一个食指在接触你的食指，但是什么都没有发生，你可以清楚地区分我和非我。

现在用右手的拇指和食指把两个食指夹在中间，让挨着的两个食指上下摩擦。

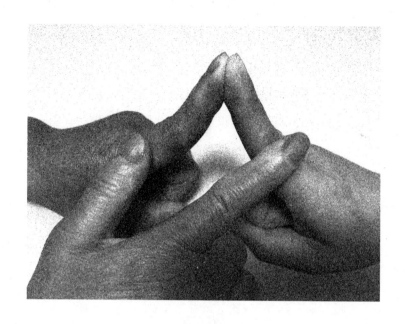

　　大多数人都会觉得自己的食指有一种陌生的感觉，会感觉现在很奇怪，手指就像不存在了，属于非我。现在结束游戏，我们继续聊一聊托比亚斯·恩斯特。

## 如何治疗"神"？

　　托比亚斯·恩斯特告诉我们，他皈依了，从此就是"神"了。我们要怎样才能让他相信这只是一种妄想，并让他转换思想、回到现实呢？他其实也有这方面的经验，因为这不是他第一次进精神病院了。他的父母与家庭医生一起第一次说服他去诊所接受治疗时，他刚满18岁，从那时起，他的病情一直加重，接受了五次住院治疗。

　　在18岁度过了疾病的第一阶段后，他退学了，开始在一家旅行社做学徒。幸运的是，在学徒期间，他的疾病没有妨碍工作，他以良好的成绩结束了学徒期，在一家大型旅行社找到了一份工作。他做了一段时间的销售员，还曾在科西嘉岛的一家旅游俱乐部做了一年的副经理。由于他病发的各个阶段都只持续了几个星期，所以他没有失去工作。他健康的时候，是受人喜爱的同事，性格幽默，工作也很勤奋。

在空闲时间，他在电脑上制作有关《圣经》的程序，他的朋友圈都是教会的人，他经常在周日礼拜后和他们见面，愉快地聊天。即使是现在，聊天的话题有时也是关于上帝和魔鬼，但他现在对这些话题有完全不同、理智的看法。人们知道他的病，但因为他治疗得很及时，所以只有他最好的朋友才对他患妄想症的情况了解得更详细。

大约过了三周的时间，妄想才开始消散，又过了三周，他的思想才被完全纠正过来，托比亚斯·恩斯特才能认识到他所说的故事中的病态，并完全远离它。

这次也是如此。他同意接受药物治疗。起初我担心，作为神，他可能不会自愿服药，或者不明白治疗的意义。但这根本不是问题。复式簿记是有用的，托比亚斯·恩斯特很信任地服用了药物。

"它们可能有助于对抗那些声音，然后我才能重新做我的任务。"

他不仅有妄想症，而且能听到评论和命令的声音，有自我意识障碍，还有一些和情绪以及身体活动有关的症状，急性的症状已经持续了三个多星期，在他的病史中已经这样发作过好几次。症状如此清晰，所以我们毫不费力地就做出偏执幻觉型精神分裂症的诊断，其中妄想和感觉障碍的症状是最突出的。如前所述，大多数精神疾病的治疗是处方药物和各种形式的心理治疗相结合，有时心理治疗就足够了，但对于精神分裂症，通常需要将两者结合起来①。所以我们给他注射了抗精神病药物，且他对这种药物的耐受性良好，白天轻微的疲惫对他不会产生太多的困扰，这样他就能更好地休息和恢复体力。两周后，我注意到他的情况有了变化。当我们谈及上帝、魔鬼或他的女儿时，他有时会产生怀疑。确信这一切发生过的妄想崩溃了，关于这一切是怎么联系起来的问题，他也回答得更加频繁。"我不知道，医生，我也无法解释。"

在病房里，他并不是很显眼。我们曾讨论过，应该让他去参加专业治疗，希望他之后能更灵活地活动自己的身体。

职业治疗师和他讨论了一个项目，一起实践了个别步骤，并讨论了各自的中间步骤。在物理治疗中，他参加了室内球赛和滑雪式竞步。他的狂躁症越是减轻，他就离自己的病友越远。就像汉斯·陶伯特一样，他也不愿意谈论自己的经历，也不再主动提起自己的经历。他犯错了，但这并不重要，或者他更关心他现在的情况如何，这些都是我提起他的妄想症时得到的答案。在心理教育课程中，他了解到了目前精神分裂症的知识水平，他能在这个阶段对自己的妄想经历进行分类，这一点是很重要的，他还知道了为什么要继续服药，至少持续6个月。此外，他还知道了

---

① 加上心理治疗不一定会更好，因为心理治疗也是侵入性的，并可能有副作用。另一方面，药物治疗往往可以很好地容忍，没有副作用。

这个疾病的早期征兆，以便他下次能尽早做出反应，寻求帮助。最后，他在住院期间完全纠正了自己的妄想，即他接受了自己的经历是一种疾病，并能把住院期间归为疾病的一个阶段。除此之外，他还知道，他的精神分裂症复发的概率更高，但现在他终于摆脱了这些症状，不再听到声音，妄想的想法也消失了，统一、清晰的体验已经战胜了因自我意识失调带来的陌生信仰。

他只有一次让我感到惊讶，在他出院那天，他问了我一个关于他的妄想经历的问题。

"告诉我，医生。"他停顿了一会儿，怔怔地看着我，"如果苏西根本不是魔鬼的女儿，那么我真的把事情搞砸了，不是吗？她是个好女人。"

第四个故事

THE FOURTH STORY

# 丈夫被替换的女人

## 无处不在的替身

到目前为止，所有我讲述过的病人都有"古怪"的妄想，尽管如此，人们还是可以平静、轻松地和他们交谈，但情况并非总是如此。塔玛拉·格伦费尔德、汉斯·陶伯特和托比亚斯·恩斯特，他们妄想动力相对较低，也就是说，他们在妄想症中的情感参与并不明显。在之前的每个案例中，他们的妄想症状持续了一段时间，他们已经处理了他们的思维方式以及周围环境不理解这些问题，这使他们更加自如，更确信自己的经历是真实的，即使它们非常特殊，也完全肯定，自己对发生现象的想法就是现实。和托比亚斯·恩斯特在一起的时候，他偶尔会很明显地拥有某种紧张感，他用一种易怒的方式迅速做出反应，但这也许是因为他的个性，不一定是因为妄想。因此，他们三个人的诊断和治疗计划可以平稳地进行，他们都愿意参加治疗，特别的是，他们都自愿、信任地服用药物。不幸的是，情况并不总是如此。虽然妄想信念很怪异、少见，但因为病人的合作，治疗相对容易，尽管在塔玛拉·格伦费尔德的案例中很遗憾地失败了。

萨宾·莱昂哈特的情况则完全不同。傍晚6点左右，她推着一辆婴儿车，在丈夫的陪同下紧急入院。她被送进了急诊病房，因为还不知道情况的危险程度，我们不得不暂时把门锁上。这对夫妇似乎很紧张忙乱，两人都是29岁，两星期前他们有了第一个孩子，现在孩子正在婴儿车里安静地睡着。萨宾·莱昂哈特的丈夫在公寓里预约了急诊精神病医生，并将她安置在那儿。病人说了一些奇怪的话，她的丈夫完全被吓坏了，据赶往公寓的医生说，她还有自杀倾向。

丈夫牵着她的胳膊走进病房，她一直在试图挣脱，当她看到我，就挣开了丈夫的束缚跑向我，在我面前停下来，匆匆地哼了一声。

"医生，我需要跟你谈谈，只有我一个人。请你把那个男人带走，把他送走，告诉他把孩子也带走，他们和我没有关系。我可以向你解释一切，但你必须把他们两个人送走。"

我试图让他们平静下来。

"但这是你的丈夫，他在担心你。"

她不听，拽着我的胳膊，然后尖叫："不！不！我和他没有关系，把这个人送走，他对我有意见，让他走！"

我走到她丈夫的身边，告诉他现在离开会更好。他的妻子在我们这里能过得很好，我们会照顾好她。然后，我告诉他，我准备第二天再和他谈谈。他似乎很无助，无法理解这一切，他想和妻子待在一起，但也为自己能离开而松了一口气。于是，他终于转过身来，再一次越过自己的肩膀回头看了看。他被一名护士护送到门口，护士问："照顾孩子你应付得过来吗？有人帮助你吗？你的孩子是否仍在接受母乳喂养？"

他有些嗫嚅地回答护士，他能应付，实在不行的话，附近还有一对夫妇是他的朋友，他们可以帮忙。但本来也没有什么事，因为这个孩子从一开始就没有接受过母乳喂养。

"家里什么都有，梅兰妮需要的我都准备了。"

他的身高约有一米八，但现在下楼梯都是弯着腰的，仿佛不可理解的事重重地压在了他的肩上。他回头短暂地看了一眼妻子的方向，然后把手推车推到门外，护士在他身后关上了门。

莱昂哈特夫人一直怀疑地看着这一幕，她紧贴在我书房的门框上，焦急地看着她的丈夫离开病房。之后，她明显镇定下来了，稍微放松一下，然后坐在椅子的前端。直到现在，我才注意到，她那一头微红、稀疏的头发凌乱不堪，穿在白色上衣外面的蓝色外套，连纽扣都没有扣好。她仍然十分焦急地看着我，仿佛还在躲着谁。

"他们真的走了吗？无论如何，你都不能让他们进来。"

"在我们这里，你很安全。我们已经把病房的门都锁上了，不允许进入的人进不来的。"

慢慢地,她的表情不再是害怕,而是绝望。直到现在,她才真正坐在椅子上,然后她开始哭了。

"我不知道该怎么办。"她一边说,一边用手帕擦拭着眼泪。

"你只要告诉我们发生了什么。我们可以帮助你,一起寻找解决的办法。"

"好的。你知道吗?你送走的那个人,他不是我的丈夫,那个孩子也不是我的孩子。"

"但是你两星期前生了一个孩子,那不是你的孩子吗?"

她惊恐地看着我。

"是的,是的。我确实有一个孩子。她看起来就像是那个在婴儿车里的孩子。那个人也和我丈夫长得一样,但不是他。他们已经换走了我的丈夫和孩子。"

她又开始哭了。

"我不明白,谁换走了你的丈夫?"

"我不知道他们到底想干什么,也不知道他们为什么要把我的丈夫和孩子带走。但你看到的那个人是个替身,他们用替身换走了我的丈夫和孩子,他们俩看起来跟吕迪格和梅兰妮长得一模一样,但他们不是,他们已经被替换了。我也不知道他们发生了什么。"

我试图进一步安抚她,并告诉她,我们会去调查这件事。但重要的是,她要先稳定一下情绪。她和我们在一起相当安全,我们会把病房的门关上，一整夜都不打开，让她安心睡一个好觉。这一点很重要。

"是的，我有好几个晚上几乎没有睡。首先是因为梅兰妮，我必须喂她，但他们被换掉之后，又加上了恐惧这个原因。他们在做什么？"

吃了药能睡得更好，她一开始并不同意吃药。

"我必须保持清醒，等着他们回来。"

但她现在安心了，当我再三向她保证病房的门会一直锁着时，她就把药吃了，然后吃了点零食，上床睡觉了。

# 妄想症从何而来？

妄想症的病因有很多种，那些有小孩的人也许会想起，小孩感染流感后，如果发烧就会说一些奇怪的事，甚至会认错人，或者觉得自己在其他地方，有时他们觉得自己身处童话世界里。其实，只有真正地认识自己和现实，才有可能生出真正的妄想，并迷失其中。日常生活中，幼儿仍把想象和现实混为一谈。在我女儿4岁的时候，邻居家一个同龄的男孩曾经跳进井里，给她取来了青蛙王子的金球。有人警告他别这么做，但没人认为这可能是一种妄想，都认为那时的他只是做了一个绅士该做的事。最重要的是，他们都还相信童话故事，然后男孩不得不穿上我女儿备用的干净衣服。这只是一件尴尬的童年趣事，并不是妄想。后来，我和长大的女儿谈起这件事，她说那可能根本不是金球，只是她想亲吻青蛙，这样它就会变成王子，但我认为那更像是一个成人的幻想。

自6、7岁开始，就算是儿童，他们也有了相当完善的现实观，但也有可能会遗失这种现实观，例如发高烧的时候。所以小孩一旦发高烧，就要尽快退烧。以前，人们认为发烧会刺激免疫系统，再随着感染的消逝而自行消退，而现在，人们不愿再冒着患上妄想症的风险。发热可以引发妄想症，在极少数情况下甚至连成年人也会如此。

妄想症发作时，能产生不少对大脑有破坏性的物质。例如，无论是急性中毒还是滥用后的慢性戒断，酒精都有可能引发妄想。许多毒品都有致幻作用，它们可以引发幻觉，往往也会引发妄想。除此之外，食物中毒也可能引发幻觉和妄想，例如毒蘑菇。有些人吃某种蘑菇，只是为了体验一次这种"意识的改变"，但这并不是一个好主意。我见过一位极难治疗的精神病患者，他长期患有严重的精神病，就是食用蘑菇引发的。大多数情况下，若不再摄入有害物质，妄想便会慢慢消退，但并非总是如此，还存在一种可能，由于偶尔、零星的摄入，会导致持续性的妄想。尽管摄入的药物后来早已没有任何作用，病人也会出现感官错觉和妄想，就像是一件事被引发后，它本身也形成了动力。

药物也能引发妄想。最常见的就是在帕金森病的治疗中产生的副作用。人在患帕金森病后，负责生产神经递质多巴胺的细胞会分解，大脑缺乏多巴胺，就导致了那些众所周知的症状：手部奇怪的颤抖、肌肉僵硬和步态笨拙[1]。可以通过多巴胺药物治疗帕金森病，这一发现[2]是一个突破。著名脑神经学家奥利弗·萨克斯（Oliver Sacks）在他的《睡人》（Awakenings）一书中用一幅非常相似的临床图片对其进行了深刻的描述[3]，它的确就像是从多年的昏睡中醒来，但多巴胺治疗的副作用之一就是出现妄想。很显然，多巴胺这种信使物质在妄想的产生中发挥了特殊的作用，多巴胺过量是精神分裂症发病的一个主要生物学原因。相应地，大多数抗精神病药物也会导致大脑中的多巴胺影响减少。

大脑中产生现实控制的细胞集合体如何相互作用，我们虽然还不清楚，但我们可以假设，某些大脑区域出现损伤或其他损害可能会导致妄想信念。例如严重的脑震荡、大脑某些区域的血液供应障碍、代谢紊乱、脑细胞退化死亡过程、老年痴呆症，以及炎症。我们已经了解到，梅毒的迟发型后遗症可能是妄想症的诱因，还有其他许多病原体——例如病毒以及细菌，也有可能引起脑细胞的炎症变化，产生妄想的临床表现。

在精神分裂症的框架下研究妄想，在我看来是最好的方式，但在这个框架下，该疾病的直接诱因并不清楚。人们根据生物心

---

① 震颤、僵硬和运动障碍。手部特有的颤抖也被称为"震颤麻痹"。

② 更确切地说，是多巴胺的前体——左旋多巴，在大脑中转化为多巴胺。

③ 萨克斯描述了一种脑部炎症性疾病的治疗，即昏睡性脑炎，这种疾病引起的症状与帕金森病非常相似，它不是基于细胞的炎症，而是基于退化过程。今天，左旋多巴疗法也是帕金森病的标准治疗方法之一。

理社会模式研究它，该模型描述了遗传、心理和社会因素的相互作用。在精神科疾病中，妄想也表现出了极其不同的病症，它被称为严重的抑郁症和狂躁症，但它也可能独立出现，表现为一种没有其他明显症状的妄想性障碍。

写到妄想症的假定病因，就不得不提到首席大法官施雷伯先生。丹尼尔·保罗·施雷伯（Daniel Paul Schreber）是德累斯顿的首席大法官。他于1842年在莱比锡出生，1911年在那里去世。他的父亲莫里茨·施雷伯（Moritz Schreber）是莱比锡的名医，擅长儿童骨科，喜欢研究城市生活对社会的影响。后来，柏林郊区的非盈利社区便是以他的名字命名（施雷伯田园，Schrebergärte）。但是，他的儿子比他更出名，因为他写了一本很奇怪的书，书名叫《一名心理症患者的回忆录》（*Memoirs of My Nervous Illness*）。在书中，他描述了自己的妄想症，这本书还吸引了一位世界著名心理治疗师的注意。这个普通病人从此成为著名的施雷伯案例的主角。

丹尼尔·施雷伯在1893年被任命为德累斯顿地区首席大法官，不久之后他就患上了精神分裂症。他第一次住院是在1884年，当时42岁。现在回想起来，他的一些症状看起来像是精神病爆发的前兆。然而，在后来急性精神病期间，事情才真正变得古怪了起来。施雷伯坚信，他的身体被操纵了，自己是一个活死人，整个环境对他来说也是不真实的。世界都被毁灭了，他是唯一的幸存者。他认为，自己遇到的人是"临时拼凑的人"，不再是有血有肉的活人，而仅仅是影子而已，是死者的灵魂照亮了他。新的世界秩序是建立在"阉割趋势"之上的。这种阉割是以这样的方式进行的："男性性器官撤回到体内，同时内部性器官进行转变，被转化为相应的女性性器官。"据施雷伯说，上帝或多个上帝是这一切的幕后推手。他得出的结论是："从那时起，我就在我的旗帜上全力培养女性气质。"施雷伯的书共262页（加上附录），其中充满了独特、荒诞的妄想，书中的描写大多数都像下面的句子这样：

> 只要他们之间相隔较远，我就无法理解作为有机体的活生生的人，这显然是低等神和高等神的共同点；特别是，两者似乎都陷入了一个对人类来说几乎不可见的错误，即像我一样，身处此处的人所想的、发出的一切声音，在很大程度上只是由射线犯下的思想谬误，应被视为人类自己思维活动的表达……

这样的文字持续了好几页。书的大部分内容不仅在内容上反常，显示了作者仍在进行的妄想构建工作，而且在形式上也让人难以理解。这当然是远远超出了正常法律层面的胡言乱语，也难怪施雷伯的家人一点也不觉得这本书好笑，他们买下了大部分的拷贝，并将其销毁，以免落入外人手中。但书还是泄露出去了，有一本落到了著名精神分析学家西格蒙德·弗洛伊德的手里。

一开始，西格蒙德·弗洛伊德几乎是在处理一团乱麻，这点值得称赞。正是这位著名的维也纳人写下了对施雷伯疯病的分析（妄想症的分析），至今仍备受推崇。施雷伯妄想症的中心主题是"变成女人"以及与之相关的阉割恐惧，对此弗洛伊德在书中进行了详细的描述。除此之外，他还将这些和男性相关的妄想主题归结为同性恋冲突。如果将弗洛伊德的分析和后来分析家对他观点的对抗进行仔细的讨论，那就太过分了。值得注意的是，妄想的起源也有深度的心理学理论。简而言之，心理动力学观念的核心表明，妄想经验是以一段如弗洛伊德所描述的历史真相为依据的，某种创伤、精神伤害，导致出现了无法用健康方式解决的冲突，因此创伤被这些诠释者描述为妄想症的真正核心。一些此类创伤的痕迹可以追溯到施雷伯的童年，他的父亲为儿童发明了许多"教学"设备，而且在一本书中对这些设备进行了描述，并在自己孩子的身上"经过了多次演练"。这些设备包括：一个**直筒支架**、缠在胸部的**床带**和连接头部和下巴的**绷带**。他在他儿子身上也试过，后来他的儿子在书中写下了这样的报告，例如，关于床带："最难受的奇效之一是所谓的窄胸效果，我至少经历了几十次；整个胸部被压缩，由呼吸困难引起的压迫感传达到整个身体。"人们甚至仅从拼写中就可以感觉到实验对象的恐惧。

作为此类或类似此类创伤的内在心理反应，现实感知被否认了，同时情感以及认知过程也被压抑着。出于这个原因，病人的体验中生出了些平静。然而，在成年后，这种平静可能被特定的压力打破，压力把他们逼到了角落里，以前无意识的冲突如今变成了现实，虽然身体长大了，但是这些冲突却不能在同等水平上被处理，所以反而退回到最初，用妄想的观点来解释发生的事情。可以这样说，现实令人无法忍受，所以病人出现了逃往妄想的想法。在施雷伯案例中，在他产生妄想之前，他想到的是"以一个女人的身份经历交媾，定然是一件更为美妙的事"。对于这个脆弱的首席大法官来说，这种想法是无法被接受的，因此他去精神病学层面上寻求答案，妄想真的被上帝变成一个"女人"。要想试图理解妄想是如何在心理学中发展的，就要用精神分析的理解方法，为什么妄想对病人来说仍比现实更好，以及哪些精神伤害是妄想发生的核心。因此，妄想在这里也被理解为一种自我保护，它一开始能以某种方式发挥作用，但在面对日常生活的要求时，又会导致功能失调。科学文献中已经指出，关键的负面事件以及妄想发展所产生的创伤，这二者在一定意义上是有联系的，例如，有证据表明移民患妄想的风险更高。一般来说，压力（包括源自社会的压力），似乎会对妄想的发展产生不利影响。关于妄想的产生，可以区分出各种解释方向，它们都和弗洛伊德精神分析方法相接近。它们被概括为"动态遗传妄想观察""在分析和理解人类学上的努力""进化论方向""整体心理学方法"或"妄想的结构动力解释"。

学术界从以学习理论为基础的认知神经生物学中发展出了解释模型，该模型描述了妄想症患者认知过程的改变。前文已经对认知基础进行了详细的描述，例如被研究得很透彻的妄下结论。除此之外，还调查了它们在妄想症患者中的特殊性[①]。妄想是一个工具，它将不愉快、不确定因素转化为更为确定的妄想、更让人放心的知识，这个想法也在这些模型中发挥了作用。它对应的概念也特别重要，因为人们可以从中得出更为具体的新疗法的目标。

---

① 我们认为，妄想产生的原因是：大脑回路如何指定分层预测，以及它们如何计算和响应预测发生了异常。这些基本的大脑机制产生了缺陷，会损害感知、记忆、身体能动性和社会学习能力，从而使妄想症患者体验到健康人难以理解的内部世界和外部世界。

# 和替身的对话

　　妄想症产生的后果就是，萨宾·莱昂哈特的身上出现了功能紊乱，她的丈夫近距离地体验到了这一点。我们定在莱昂哈特夫人入院的第二天早上进行谈话，他按时来了，并且按照我们的约定，在诊所的接待处登记。我不想在病房里与他谈话，免得他的妻子不安。在诊室里，他把婴儿从婴儿车里抱出来。梅兰妮一直在小声抽泣。他看着我，仿佛是在征求我的同意，然后他取来奶瓶，给孩子喂奶。很明显，他非常体贴地照顾着这个婴儿。婴儿喝奶的时候，他抚摸着她的脸颊。可以感觉出，这时的他还挺安心的，但是他妻子的整个情况却让他无法承受。

　　"我不明白，"在我们谈话时，他说，"我们一直想要一个孩子，现在终于有了。怀孕和分娩，一切都很顺利。但是现在为什么萨宾变成了这样，我只是不明白这一点。"

他告诉我，他们是五年前还在上学的时候认识的。当时，他们都在考教师资格证，他的专业是拉丁语和历史，她的专业是德语和历史，他们在历史课上初次相遇，后来就经常见面。

他说："查理大帝把我们带到了一起。"他第一次露出了短暂的笑容。

他们两个人都有点害羞，但随后又约定一起喝咖啡。他们在一起的时光很美好，不知为何，一开始就很自然，他们总是有话可聊，一切都很顺利。他觉得妻子非常有责任感，工作勤奋，而且有时也很幽默。当他们外出游玩时，通常是由她来选择目的地和安排行程，她是两人中更具冒险精神和更实际的那个。

"但我们很相配，她也喜欢阅读，我们的夜晚总是安静又放松。"

他有点烦躁地看着我。

"在过去的几天里，变得一点也不安宁了。她一直对我大喊大叫，说我想在她的公寓里干什么。过了一会儿，她又平静了一些。有一次，她说，我不是她的丈夫，我完全不懂她在说什么。她也不再抱我们的孩子梅兰妮。孩子哭的时候，她只是说：'照顾好她。'好像梅兰妮不是她的女儿一样。她后来也是这么说的，她说我们都不是真的，还讲了一些替身的事。"

我问他，这些奇怪的事情是什么时候开始的。他说，现在回想起来，其实孩子出生后，她就变得很奇怪。他的妻子表现得很冷淡，不想给梅兰妮喂奶。护士很快就放弃了让母亲喂奶，并教他们怎么喂养孩子。当然，大多数时候都是他来做的。但是，一开始他的妻子会晚上起来给梅兰妮喂奶，所以她睡得很不好。很长一段时间，他都认为妻子是因为压力太大，没有得到足够的睡眠，才变得如此奇怪。但在过去的几天里，她变了太多，完全躲起来了；只要一看到他，她就会被吓一跳。有时，她又变得咄咄逼人，不仅对他大喊大叫，还动手推他。她不再跟他讲话，还逃避和别人说话，甚至她的父母也无法靠近她。于是，他决定打电话给家庭医生。当天，医生就来了，决定让他的妻子入院。

他不知道萨宾以前是否患有精神病——她一直都很健康，也不清楚她的家族中是否有精神病史。结束学业后，他们在同一所学校里找到了工作，并在那里执教了三年。在上学的时候，他们就搬进一个合租公寓，工作以后就谈婚论嫁了。他们一直都想要个孩子，尽管一开始他们怀疑工资不够，他的妻子则担心照顾不好小孩。但当萨宾怀孕时，两个人还是很期待孩子的到来。

"一切都很好，生活十分和谐，突然间，这种变化就降临在我们的身上。"

我试图减轻他的担忧，告诉他这种变化可能是因为精神疾病，在治疗这种症状方面，我们经验丰富，他的妻子肯定会好起来。但是开始的这一段时间，他最好不要去看她，因为在最初这几天可能只会增加她的焦虑。我们约定好，他可以每天打电话，我们会告知进一步的发展。

"你现在打算怎么处理她的问题？我的意思是，怎么治疗？"他有点不放心地问。

"我们会把她安顿在病房里，让她更有安全感，不再疑神疑鬼，这样她能好好休息，并冷静下来。之后，我们当然会和她讨论这些症状，还可能给她用药，我希望她能接受这些。"

"有必要服药吗？我们一直吃的都是健康和自然的食物，几乎没有吃过药，最多就是一些草药。"

我向他解释，出现这些症状的原因之一，是大脑中的信使物质不再像它们应该的那样工作，而药物治疗能让这一切恢复平衡。这是一种非常严重的疾病，必须进行药物治疗，但前提是我们能说服他的妻子。

他把孩子搂在怀里，看了看我，然后又看了看孩子，突然他僵硬住了。

"是精神分裂症吗？"

我感觉这个问题在他心里已经有一段时间了，但他一直在回避。我能够看出他对答案的恐惧。他皱起眉头，额头上露出皱纹，苍白的肤色、不确定的眼神还有额头上的皱纹，让他看起来是那么的害怕和无助。现在确定答案还为时过早，虽然不能排除精神分裂症，但也有可能是抑郁症。压力过大的时候，会导致抑郁症，产后抑郁也偶尔会引发妄想状态。我向他解释了这一点，并向他保证，一旦我们知道更多情况，就会告诉他们，绝对不会隐瞒。然而，对这种疾病我还有一种怀疑，因为这个症状，即双重人身症以及亲人被替代的妄想症状，是卡普格拉综合征的表现。然而，为了确定这一点，我们还必须做一些检查，排除其他可能性，所以我没有告诉他我的怀疑。

　　莱昂哈特先生小心翼翼地把女儿放回婴儿车里，我们又谈了一些家庭的情况。他的父亲在他遇到萨宾之前就已经去世了，现在长辈只有他妻子的父母和他的母亲，他们都很担心，所以他每天都和他们通电话。因为他必须回去工作，所以他的母亲会照顾梅兰妮几天。幸运的是，学校马上就要放长假了。这一周会很紧张，但是很快他的时间就会变得充裕了，可以在家里工作。我们道别，约定第二天电话联系。

# 卡普格拉斯博士先生

让·玛丽·约瑟夫·卡普格拉斯（Jean Marie Joseph Capgras）1873年出生于加龙河畔的凡尔登，那是一个法国西南部的小镇。他是一个优秀的学生，接受的是普遍的古典教育，会希腊语和拉丁语，是个纯粹的书呆子。据说，放学后他绝大多数时间都是在父亲的图书馆里度过的，但这也可能是他的讣告中的粉饰。虽然他后来取得了成功，但是我很难想象，像他这样的人没有在学校的操场上打过架，也没有在邻居的花园里偷过苹果。无论何时，他都渴望学习，这让他的老师非常高兴，所以他们敦促他申请著名的巴黎高等师范学校。后来，卡普格拉斯在图卢兹学习医学。在一位表哥的影响下，他后来转去学习精神病学。因为表现出色，他经常在一众求职者中名列前茅，并在巴黎的很多大医院里工作过。他喜欢换工作，因为这样他就可以去农村的各种精神病院收集经验，然后又回到城里。他的职业生涯进展迅速，最后，他得到了巴黎著名的圣安娜精神病医院的主任医师职位，一直在那里干到退休。

关于他的家庭生活，能找到的资料很少。他结过婚，有孩子。很显然，他年轻的时候很有吸引力，但在后来的一些照片中可以看出，他的气质相当阴沉。有这样一件轶事：他喜欢给孙子们读希腊神话。在工作中，他非常严谨，对年轻医生的要求很高。他会早早起床，亲自检查所有新入院的病人，他的细致认真、耐心和对病人的极大尊重为人所熟知。据说有一次，他请求一位历史学家帮助他核实一位病人告诉他的情况。病人有自大妄想症，声称自己是拿破仑的后裔，甚至说自己就是"拿破仑"。这位历史学家朋友回信说，这位病人与拿破仑没有关系，但有迹象表明，她可能是拿破仑第一任妻子约瑟芬·德·博阿尔内的后裔，虽然这并没有改变对妄想症的诊断，但卡普格拉斯想知道更确切的情况。所有提供过有关他信息的学生都强调，他是一个谦虚的人，他几乎感觉不到他在整个法国的知名度，也绝不会想到用自己的名字来命名他所发现的疾病。因此，他把他在一个病人身上诊断出的奇怪的综合征称为双重人身症（替身妄想）。后来，这种综合征才以其发现者的名字命名——卡普格拉综合征（Capgras syndrome）。

约瑟夫·卡普格拉斯的研究方向是理解精神病学，因为他想了解病人患精神疾病的背景和原因，对病因和背景的描述即使不纯粹，极其精确且详细。大多数情况下，他使用了传记式的心理动力学解释模式。例如，他试图在他所描述的双重人身症和俄狄浦斯情结之间建立一种关系。有一次一位同事在介绍病人时说到一个"有趣的案例"，他回答说，案例之间没有有趣和无趣之分，只要深入了解其中的情况，一切都很有趣。所以对于M夫人报告的内容，约瑟夫·卡普格拉斯也一定觉得特别有趣。

M夫人因血统妄想症被送进圣安娜精神病医院，她自称是里奥·布兰科夫人。她的心理病理图谱丰富多彩，她有自大妄想症和被迫害妄想症，然而特别的是，她的妄想内容是，她确信周围的人都已被替身取代——她的丈夫，她的女儿，所有人。她曾说：整个社会都是替身，都想迫害她。虽然她的丈夫已经去世多年，但是她认为多年来至少出现了八十多个她丈夫的替身，她的孩子也被替身替代了两千多次，他们早就不是她的孩子，而是复制品。除此之外，巴黎警察总部的工作人员也受到了影响：那里的官员在五年内被替换了十次。即使在医院里，也到处都是替身，他们一次又一次地被其他替身所取代。从一个替身到下一个替身的转变，有时仅需几个小时，有时则需要几天甚至几个星期，然后一个人就会变成另一个人，而这些令人窒息的症状已经在M夫人身上持续了十年之久。她第一次引起人们的注意是在1918年，当时她向巴黎的警察局报告说，她房子的周围和街上有一大群非法人士（特别是小孩），他们都在针对她。卡普格拉斯对她进行检查时，M夫人已经53岁了，她的个人经历里没有任何特别之处指向后来的妄想症，家族中也没有任何精神疾病史。

卡普格拉综合征被归入所谓的妄想性误认综合征。这些综合征的共同点是病人否定自己的身份或他们所认识的人的身份，并确信自己和他人的身体和（或）心理发生了转变。除了研究得最好的卡普格拉综合征，大多数作者还将以一位擅长模仿的演员的名字命名的弗雷格利综合征（Fregoli syndrome）、主观双重人格综合征（Syndrome of subjective doubles）列入这一组综合征中，一些作者还将其他罕见的神经系统疾病也归入其中。

在弗雷格利综合征患者的妄想中，他们相信，自己认识的人在一个陌生人的身体里。例如，他们看到自己的邻居，但坚信这实际上是他们的丈夫。而患有内变态性幻觉综合征（Syndrome of intermetamorphosis）的妄想症患者，他们确信一个人在心理和身体上都变成了另一个人，也有病人认为这种转变会发生在动物或者物体上。例如，患者第一次显露病情时，声称自己养的鸡被改造了，原来的鸡已经不见了，它们被换成了新的鸡。她的儿子不再是她的儿子，变成了另一个邻居家的男孩。她还强调，这不是简单的替换，而是一种转变。她原来的那只鸡转变成了新的鸡，她的儿子变成了邻居家的男孩。最后，有关主观双重人格综合征患者的情况是：他们相信自己有一个甚至好几个替身，他们都过着自己的生活，他们不需要"替身"这个术语，这不是口语中另一个和他们长得非常像的人，相反，他们是自己的不同变体。

将卡普格拉综合征和其他类似的综合征归类为误认综合征，

这似乎是有道理的，因为它总是关于对自己或他人身份的误认或妄想性否认。然而，这个标准只是描述性的，对可能的共同原因并没有说明，也还都不清楚。一方面，有基于中枢神经系统有机变化的生物学假说，最近有些文献中描述了，一些患者的大脑结构发生了变化，尤其是参与识别和正确分类面孔的大脑功能。每天早上，你都能认出自己的妻子或丈夫——这不像说起来那样自然而然，因为某些大脑功能是很必要的，你首先要认识你的妻子，然后记得你们结婚了。如果这些大脑功能受到干扰，就会导致面部识别障碍，甚至导致面部识别缺陷[①]。然而，将妄想性误认综合征直接归因于这种识别缺陷是走错了方向，例如，在卡普格拉综合征中，人脸被正确识别，却被错觉分配给其他人。

其他研究认为，特殊妄想症状的发展，应追溯到内在的心理过程，即可以用心理动力学来解释。根据所谓的回归和矛盾理论，卡普格拉综合征患者的无意识冲突是由某些压力事件带来的，这导致了他们逐渐变得不太成熟。在这种不太成熟的心理发展状态之下，人们无法将他们对亲密的人的矛盾情感整合到这个人的复杂的整体形象中。我们都熟悉这样的情况：我们所爱的人有我们喜欢的一面，也有我们觉得不那么有吸引力的一面。但是

---

① 然而，在卡普格拉综合征中，一定存在着超越纯粹的人脸识别障碍的干扰。有人认为，负责识别面孔的大脑区域和负责将情绪分配给所看之物的大脑区域，这两者间的神经连接也出现了障碍。此外，据说某些记忆功能也会受到干扰。也可以假设，卡普格拉综合征患者的妄想型经验是基于其他刺激加工而成的障碍。

作为一个成熟的人，我们能够忍受这些矛盾，接受有优点也有缺点的人，而不是只有优点的理想人。然而，患者的心理退化到了不成熟的状态，也就不可能实现这种善与恶的融合。他们把人分成善（真正的伙伴或者伴侣）和恶（替身），而一个人"复杂而不同的特征"，于他们而言是不可能的。

另一种心理动力学理论认为，卡普格拉综合征患者将自己身上感知到的内部疏离体验投射到外部。不是他们自己被异化，而是其他人（被替身取代）。不论是把大脑器质性变化理论作为卡普格拉综合征的前提条件，还是尝试通过心理动力学去解释它，当它们被假定为唯一的原因时，人们其实没有考虑到卡普格拉综合征患者的器官变化有些是没有被证实的，但也有不相信心理动力学过程的人。所以，在这方面，对卡普格拉综合征的研究应该和其他许多精神疾病一样，继续考虑不同的可能存在的影响因素组合。

尽管卡普格拉综合征是相当罕见的妄想形式，但它们会出现在非常不同的疾病中。例如有几份帕金森病病例中有关于卡普格拉综合征的报告，它还被描述为各种形式的痴呆、癫痫、心血管疾病、甲状腺功能减退症和偏头痛。最常见的情况是，作为精神疾病的并发综合征，最常见于精神分裂症。在一项研究中，对106名卡普格拉综合征患者进行了检查（考虑到这种临床情况的罕见性，这个数字令人吃惊），68%被诊断为精神分裂症，15%被诊断为情感障碍，8%被诊断为器质性疾病，4%被诊断为分裂情感性障碍，5%被诊断为其他精神疾病。

约瑟夫·卡普格拉斯医生于1950年1月27日在法国第戎去世，他是一位备受尊敬的精神病学家。在法国，他最为知名的是妄想症的心理动力学治疗方法。在其他地方，他主要因以他命名的疾病而闻名。顺便提一下，还有一份关于在产褥期引发卡普格拉综合征的报告。这让我们把目光放回莱昂哈特夫人身上。

# 危险的替身

第二天，莱昂哈特夫人已经平静一些了。虽然她还是很怀疑，但觉得病房里比家里更安全。她一直站在房门前，看我们让谁进入病房。当我请她说一些关于她孩子的出生和丈夫的情况时，她对我喊道："她不是我的孩子，那也不是我的丈夫，他是陌生人。别闹了！你明白吗？他们在追杀我。"

我等了一会儿，让她把情绪发泄出来。

"那你真正的丈夫去哪儿了？"

她定定地看着我，而我在等她的回答。

"我也不知道，他们不是卑鄙的人吗？"

"他们为什么要替换你的丈夫？"

现在，我终于赢得了她的注意。

"我刚刚全弄明白了，他们不分青红皂白就把人替换了，以此来掌控这个世界，外面都是他们的人。但是被我注意到了，就是那个时候，他们替换了我的丈夫。他们很聪明，那个人看起来像我丈夫，但只是他们中的一员，这样他们就能更好地监控我。"

为了理解这段话，我想了一阵子。

"那么，你的丈夫现在在哪里？"

她烦躁的情绪已经被焦虑、悲伤的心情掩盖了。

"我也不知道，他们一定把他藏在什么地方了。也许他藏在其他人身上，我应该杀了他。有一次，我晚上偷偷溜进厨房，拿了一把大刀，但我什么也没做，也许吕迪格藏在里面呢。"

她安静了一会儿，然后向后靠了靠，不甘心地说道："我不知道。"

对一些读者来说，妄想的形式，对卡普格拉斯和弗雷格利综合征的描述，以及其他表现形式，可能显得有点学术化。然而，除了因为科学家希望对各种现象进行区分和分组，还有另一个特殊的原因，即必须认识妄想性错误识别综合征，并将它与其他形式的妄想分开。卡普格拉综合征患者经常表现出攻击性行为，针对所谓替身的暴力事件并不少见。有病人杀害了自己的母亲，这在其他情况下是非常罕见的。还有人认为，卡普格拉综合征比我们猜测的更容易与暴力结合，一些被判处监禁的人，可能患有未被诊断出的卡普格拉综合征。

我很庆幸莱昂哈特夫人现在和我们待在一起，这让她的孩子和丈夫远离暴力。她告诉我的事情让我想知道，在接下来的谈话中，我们还能发现些什么。如果她怀疑在陌生人的身上可能会有她丈夫的一部分，那么这也许意味着，离她意识到这是她的丈夫不远了。然而，当我提出这一怀疑时，她根本不准备深究。

我说："就像你说过的，你的丈夫可能还在陌生男人的体内，我相信你的看法是正确的，相信他就是你的丈夫，只是你不能正确地认识他。"

她再次变得更加激动，在椅子上不安地晃动着。

"所以你不相信我。"

我耐心解释："我只是想把事情弄清楚，看看到底是什么情况，我希望你不要再这么害怕了。"

她又冷静了一点，这是一种情感的相互作用，她没有一气之下中断谈话，对我来说也是一种平衡的行为。

"是的，你知道的，我知道那里不是我的丈夫。"她用左手向着房间的门，做了一个轻蔑的动作，就好像那个人站在门前一样。

"他看起来确实很有欺骗性，但这只能说明他们很聪明，也许他们甚至会用吕迪格身上仍有的部位，使他看起来更像自己。"

实际上，在我们的谈话中，我不想让她长时间地觉得有负担。与我透露出的世界观相对抗，会让她很累。

此外，我想动摇这些妄想，而不是让她一遍又一遍地重复它们，从而巩固这个看法。这就是第一次谈话通常只持续大约15分钟的原因。然而，今天显然是一个很好的时机。在过去的几天里，她已经开始信任我了。她没有看到自己的丈夫和孩子，恐惧可能也有所减少。不受干扰的睡眠让她可以平静下来，所以这似乎是一个好机会，可以和她谈另外一件重要的事情。如果她不服用对症的药物，我们的治疗就很难取得进展，所以我向着这个目的努力。

我说："如果我们能使用药物治疗，对你可能会有好处。"

她若有所思地看着我。

我继续说："这肯定有助于你挽回你的丈夫。"

令人惊讶的是，她完全没有像我预期的那样反应很轻蔑。我已经在等着劝说她服用抗精神病药物。但是，这个想法太早了——事实马上就证明了这一点，因为她怀疑地说道："哦，你认为会有用吗？那人会变回吕迪格？"

她思考了一下，然后迅速摧毁了我的期待。

"你认为他会愿意吃药吗？"

# 刺激抑制器官中的意义过滤

可以看到，我们需要进行一个复杂、多控制单元参与的互动过程，这样我们才能获得一个功能性的、对世界及其现象有用的印象，以便我们应对生活。在这个过程中，因为有许多单独的步骤都是必要的，所以也存在许多可能的干扰。许多研究人员已经研究了第一个执行单元，即感知。问题是：当人们产生妄想的时候，这个过程是否总是基于错误的感知，或者还存在不带有错误感知的妄想发展？事实上，感官上的错觉几乎发生在所有妄想症患者的身上，所以有人提出这样的假设：在妄想之前，对现实的错误认识已经出现了。英国哲学家约翰·洛克（John Locke）在他的著名论断中就假设了这种联系，即在头脑中没有任何东西是以前没有被感官感知到的。根据洛克的观点，我们的感官经验是通过感知到的事实以及内心的反思形成的，而这种感官经验影响了我们对世界的判断。他把所有知识的材料称为观念："观念这个概念包含：所有有意识的思想内容、痛感以及对外物属性的观念、记忆中的印象和其他人们如此称呼的概念。"心理学家马赫在这一基本观念上继续深入，有效地倡导了这样一个假设：妄想总是发生在错误的感知之前。但与此同时，也有一些实证研究和临床经验反驳了这一假设。尽管相当少，但还是存在这样的病人，他们的知觉没有受到干扰，没有出现感官上的错觉，也没有幻觉，但是在他们的身上却出现了妄想。

妄想是一种思维内容障碍，其病理在于对所感知信息的解释，而不一定在于错误的感知本身。在这种情况下，**"解释"**一词有更广泛的含义，它包括：感知到的初始刺激的优先顺序，与早期经验的比较（在这一点中，优先排序也起着重要的作用），对感知的情感评估，还有对刺激的意义进行实际测量。感知到的刺激包括：对其他感知到的假定联系进行的思考，和对因果关系的确立，即感知的事物为何发生。因此，解释是一个持续进行的、处在不同层面的复杂过程，其中的每一个要素都可能发生紊乱，然后和一种思维内容障碍（如妄想）相联系。当然，这并不意味着，只要错误的感知存在，就不能在妄想的发展中起到作用，它们显然不是一个必要条件。

这同样适用于思维形式障碍和思维内容障碍之间的联系，妄想症患者的身上也总是出现思维形式障碍，精神分裂症患者尤为如此。然而，并不罕见的是，妄想症患者的思维形式结构，很少或根本没有受到干扰，本书中的四名患者就是这样的案例。对话没有受到思考过程形式的影响，我们可以和他们正常交谈，他们能以非常不同的方式来描述自己的观点。这些观点本身明显不正常，而不是描述这些观点的语言形式不正常。在上文提到的病人中，没有任何人说过这样逻辑不通的句子："我遇到了一个人，她不能以任何其他方式展示自己，而是把所有的东西都放在一起。它的意思是这样的，它必须是指：肚子里有个快乐的小先生，一个女孩和她的丈夫很幸福，他们都在幸福中寻求救赎。"当我们问及每一种妄想经验的核心，即是否存在一种元素，在每一种妄想中都具有，也就是妄想的必要条件，我们必须根据现有的知识假设，幻觉或其他感知障碍可能参与了妄想性经验的发展，但它们并不是必要条件。这一点同样适用于思维的形式结构，思维内容障碍的发展中常常有它的参与，比如说在妄想中，但也可能没有它的参与，所以它们带来的损害或改变并不是必要条件。

在精神分裂症的框架下出现的妄想和幻觉，被称为生产型症状，或者也称为附加或阳性症状。此外，还有一些阴性症状，包括例如驱动力下降、情绪低落、冷漠等。在有妄想和幻觉的情况下，"附加症状"或"生产型症状"这些术语很容易理解。我们的四位病人产生的难道不是一种在疾病的框架内旺盛的想象力吗？当我听到声音的时候，难道不是大脑表达能力的**提高**吗？从直觉上来说，这个想法可能是显而易见的，但它是错误的。为了说明这一点，我们再深入地研究精神病学的历史，以了解"对精神病学有影响的名人"，我们将随他们一起找到一个令人惊讶的发现，这个发现至今仍对理解妄想性经历有参考价值。

　　想象一下，现在我们处在1884年的伦敦皇家医学院，这家医学院由亨利八世创立。一位功勋卓著的大脑研究员正在做一个荣誉讲座，他就是克鲁尼安讲座客座教授——约翰·休林斯·杰克逊（John Hughlings Jackson），当时49岁。他出生于1835年，于1911年去世，是一位很有影响力的思想家。如今，他被认为是一名神经学家，更准确地说，是一名神经科学家。据说，在他工作了几年的约克郡，他有充足的机会可以去观察和治疗精神病患者，然而他并没有为此花费很多时间。

　　他更喜欢研究神经学方面的课题，例如语言障碍与右侧偏瘫之间的联系。除此之外，他还被哲学的话题所吸引，有一段时间甚至考虑放弃医学去学哲学。如果去阅读150年前的报告，我们就会发现，今天被严格区分的学科，在当时居然是非常接近的学科。在某些情况下，这些学科之间甚至存在很大的重叠区域。哲学、精神病学、心理学和神经学领域，往往是同一批人在处理部分重叠的知识领域里的问题。

　　杰克逊不喜欢精神病患者，他的一位同事将此归因于他对秩序和精确性有强烈的需求，而精神病患者只会给生活带来混乱。他特别讨厌有古怪妄想的病人。他后来回忆，有个病人一直坚信自己是"一罐印度泡菜"；还有个病人告诉他，她看到一些猫爬上救生艇，去迎接天上的"耶稣基督"。对于这样的事情，杰克逊束手无策。他似乎没有同情心，特别是遇到他无法帮助的慢性病人时。他认为，这些疯子只会无知无觉地占着床位，浪费医疗资源。在疗养院里，如果真有心理疾病这种东西，那么医生也对他们无能为力。从当代精神病学家的报告来看，他是一个十分令人不快的怪人。在今天看来，他的基本观点也很奇怪。他坚信，身体和灵魂是严格分离的，并且否认情绪能够加速脉搏跳动这样的常识。

然而，杰克逊的一个发现，对理解古怪妄想症具有进一步的意义。他推测，大脑功能是分层排列的，像洋葱一样。它们排列得越高，说明这些层次发展得越晚，且他们活动的区别就越大。层数越低，在进化过程中发展得就越早，其任务也就越原始。较高、较发达的层级可以控制较低、较原始的层级，从而抑制原始的冲动，而生病就可以理解为较高层级失去了功能，或者是功能被削弱了。较低、较原始层级的影响相对占优势，它是疾病的基础原因。根据杰克逊的说法，疾病总是基于（影响较高的范围）缺陷，永远不可能产生新的疾病。这些症状其实可以追溯到抑制和控制中枢的崩溃，杰克逊当时研究的核心内容被目前的神经生理学调查所证实。

这很令人惊讶，因为当你听到患有古怪妄想症病人的故事时，你会有一种印象——他们想象力泛滥，创造力功能失调。有人居住在我体内，我可以随气候区旅行，我是一个来自平行世界的神，我的丈夫被替身取代了，病人**产生**了妄想的想法，这就是为什么幻觉和妄想也被称为**生产**型症状，而其他术语如"阳性症状"或"附加症状"，也表明了是什么东西增加到了正常经验之中。然而，根据杰克逊的想法，不存在任何新的疾病，而是有些之前被控的、隐藏着的东西浮出水面，而这些东西以前被隐藏，现在却浮出水面的原因是：这种控制力在疾病中消失了。

杰克逊的观点在他那个时代很成功，因为它的包装很巧妙。今天，我们会认为这是科学的营销，他的概念是基于当时普遍流行的前达尔文主义进化思想，并将其与简化的创造、破坏二分法思想一起打包。然而，作为一种思想，他模型中的核心内容，即大脑中的控制和抑制过程是很重要的，如今我们可以在现代精神病的概念中找到。我们凭直觉将大脑理解为一个创造性的器官，它不断地寻找着新的意义，对我们经历过的事进行解释。感觉器官接受刺激，然后这些刺激被处理和解释，在这种观点下，人们常常忘记了，大脑主要的任务之一是抑制刺激，避免解释过程。这符合约翰·休林斯·杰克逊的观点。

在杰克逊的观点基础上，可能也会出现这样的观点：我们都有产生古怪思想内容的可能性，就像上文描述的病人的情况一样，这些可能性只是或多或少得到了控制，因此通常不会浮现。至少在白天不会，但在晚上的梦中，我们经常会体验到奇妙的故事。如果这种控制力在白天减弱，会发生什么？有着古怪妄想的病人的例子向我们证明了这一点。不知为何，这个想法令人不安，病人所体验到的与我们大家的体验能力没有根本性的区别。我们总想控制它，但疯狂的确就住在我们体内。

有许多证据表明，在这个意义上，大脑不是一个创造、生产性的器官，它首先应该是一个抑制刺激的器官。用日常的例子和练习很容易证明这一点。你可以有意识地记录感觉器官在那一刻所接受到的所有刺激：外面街道上的汽车声，暖气的噼啪声，墙纸上的光斑，房间里略显干燥的空气的味道，来自隔壁房间的穿堂风。你试着同时感知所有刺激，只需拿掉过滤器，就能感知到一切。你可以先尝试几秒钟，再延长一点，直到坚持不下去为止。

所以，如果你设法做到了这一点，那么你肯定没有继续看到这儿。直接穿过门户大开的入口去了解世界，这对我们来说完全是超负荷的。我们依靠大脑过滤来得到当下重要的东西，所以我们并不是没有察觉到所有的事。你的耳朵是大开着的，你听到街上的汽车的声音。你的皮肤没有被遮住，所以你能感受到微风。然而，你并没有注意到这一切，因为你的大脑告诉你，继续把这本书看下去才是最重要的，而不是外面汽车的声音。顺便说一句，我完全同意你的大脑此时的想法。神经科学家西蒙娜·沃塞尔（Simone Vossel）非常好地描述了这一问题，这不是纯粹的关闭刺激，而是在感知和优先刺激之间取得平衡："在复杂的日常生活事件中，我们的大脑必须从许多相互竞争的刺激中过滤出那些重要的刺激，同时抑制那些不重要的、只会分散我们注意力的刺激，以便最终形成一个感知的综合体。然而，我们同时还必须保持对目前还未注意到的未决事件的反应。这两个过程之间的平衡是我们大脑的基本任务，且必须持续处理的任务。"在这个选择的过程中，情绪起着不可低估的作用，当然还有我们的个性，我们迄今为止所获的经验的总和，以及对当前的情况做出的判断：我是处在危险之中，还是躺在家里的床上？我是非常专心，还是有点累？我的积极性是否在针对某个刺激物？以此类推。

并非所有被感知到的东西都能到达心灵，这一观点已经用现代方法在神经生理学上得到了很好的研究。但它并不新鲜，哲学家约翰·洛克在他的著作《人类理解论》（*An Essay Concerning Human Understanding*）中描述了以下观察：

人类经常可以在自己身上观察到，当头脑强烈地沉浸在对某些物体的思考中，并仔细观察一系列现有的想法时，并不会注意到发声体在听觉器官中产生的印象，尽管在那里产生的变化和通常音调的想法是相同的。传达给器官的冲动可能足够强烈，但如果它没有被思想所注意，就不会发生感知；即使通常产生的声音的概念，它们是在耳朵里运动而发生的，我们也不会听到声音。在这种情况下，感觉的缺失不是由于器官的缺陷造成的，也不是由于听觉系统受到的影响比其他场合的要小；相反，感觉之所以没有发生，是因为本来产生观念的东西尽管由普通器官提供，却没有被心灵观察到，因此没有在心灵上留下印象。因此，凡是有感觉或知觉的地方，都会真正产生一种观念，并存在于头脑中。

曾因阅读刺激的犯罪小说而错过电车的人，会对这种效果感到熟悉。在凶手被揭穿之前，通知电车停靠的女声渐渐在背景中淡去。它足够响亮，我们的耳朵也接受了，但我们的大脑只想知道谁是凶手，所以抑制了其他的刺激。最终，我们虽然知道了故事的结局，但不幸的是，我们必须往回走一站回家。现在回想起来，我们常为多出来的这段路感到恼怒，但我们的大脑已经做出了优先的考虑。

## 以蜗牛的速度痊愈

我们可以理解莱昂哈特夫人产生的误解。当然，应该吃药的不是她的丈夫，而是她自己。然而，在她看来，混乱的不是她自己，而是其他人。所以还需要一段时间，莱昂哈特夫人才可能做到过渡——即从不同角度看问题的能力。

当你开上高速公路时，突然发现所有司机都在逆行，你是什么感觉？当然，我希望你从来没有过这种经历。但让我们试着把自己代入到这个场景中，你正常驶进高速公路，像往常一样靠右侧行驶，但所有司机都逆行向你开过来。我可以想象，你要到最后才会意识到真相。向你开来的第一个司机，你会认为是他在逆行，被他吓了一跳，能很幸运地躲过，但你看到第二个向你开来的司机时，你感觉有点不对劲，怀疑在心中升起。你能意识到有些不对，事实上就能说明你有能力过渡，你突然意识到自己才是逆行的司机。然而，对莱昂哈特夫人来说，她非常确定是其他人取代了她的丈夫。服药能否生效是个问题，但她能肯定，自己不需要任何药物。

"我的意思不是让其他人吃药，而是觉得，吃药可能会减轻你的忧虑。"我又做了一次尝试。

莱昂哈特夫人疑惑地看着我。有些病人在这种情况下会生气，但她只是惊奇地问："为什么是我？他们正在加害于我，我应该吃什么药？"

"我只是觉得，服药会减少你的恐惧，我相信带你来诊所的那个人真的是你的丈夫。"

她疑惑地看着我，额头上出现了两道深皱纹。但我们的交谈很顺利，她没有像以前谈话时那样立马把我挡在门外。我继续追问："你看，就像你自己说的。在某种程度上，你的丈夫也许藏在陪你来诊所的那个男人体内。我认为那真的是你丈夫，你只是没有正确地识别出他。如果能减少你的恐惧，我会很高兴。"

但是，治疗的进展往往慢得像蜗牛。她只是回答："我不这么认为，他们已经替代了他。"尽管如此，我还是增添了一些勇气，因为她不再那么不屑一顾，也不像之前谈话时那样坚持。她控制了自己的情绪波动，心情更加平和[1]，眼神不再那么焦躁

---

[1]　妄想中的情感参与是妄想严重程度的一个基本标志。针对情绪忧虑的认知行为疗法已被证实对受迫害妄想症患者具有治疗效果。过度的担心会增加妄想，而治疗情绪可以解决妄想。

不安，她的衣着很整洁，头发也梳理过了，姿态更加自信，不再像一开始那样退缩。另外，我们的谈话也不再那么情绪化，开始小心翼翼地进行争论。尽管如此，她过了好几天才真正产生了疑虑，同意尝试这种药物治疗。最初的几天里，药物让她有些疲惫，但没有让她感到太多的困扰。更令人恼火的是药物造成的口干，但是我说服了她继续服药，并一直吃酸味的糖果。几天后，副作用就消退了。

在过去的几天里，她常见到她的丈夫。有几次，他还把孩子带在身边。起初，他们一起在病房里，她把他当作陌生人，始终保持着安全距离。但最初的愤怒爆发已经过去了，她慢慢习惯了男人和孩子时不时地在身边出现，发现没有什么负面的事情发生。最后，在一名护士的陪同下，他们一起去公园里散步。之后，我们更频繁地讨论这种情况，我也越来越坚定自己的立场，认为男人没有被替换。慢慢地，我把疾病这个词带入话题。

"实际上，我知道你错了，我们从其他病人那里就获得了经验，这种错误是疾病的一部分，你也没有办法，是疾病把你变成这样的。"

"但是，疾病也属于他们对我所做的。"她说，尽管她的声音中显然还充斥着怀疑。

有一次，她的丈夫来看望她，突破就在这时出现了。她靠在丈夫身上，丈夫把她抱在怀里。她对丈夫说："我很高兴你回来了，他们把你放了。我不知道那里发生了什么，但我很高兴你能回来。"

　　她已经远离妄想，妄想的主题不再出现和困扰她了。又过了几天，妄想已经完全被纠正。也就是说，她也意识到了整个经历是一种疾病，是一种妄想。治疗总共持续了8周。

　　在一个美丽的春日，她可以出院了。我们已经组织了对她的后续治疗。她还要继续服用几个月的药物。她已经很信赖我们，同时也意识到了服药的好处。莱昂哈特夫人把自己打扮得漂漂亮亮，收拾好了东西。她的丈夫来接她，没有带孩子。她担忧地问道："梅兰妮在哪里？她还好吗？她在家里吗？"

　　"是的，她和奶奶在一起。这样做，我接你的时候就能腾出手来，现在我们马上去把她接回来。"

　　他一边手拿着她的行李，另一边靠着她。告别后，他们走出病房时，她仍显得有些不确定。

# 妄想症的治疗

如今，治疗妄想症已经有一些有效的方法，但我们先来看一下在精神药物发展早期两个古老的例子。在今天看来，这些例子是很可笑的，但它们表明，妄想已经存在了很长时间。即使是以不同的名义，人们也一直在寻找消除妄想的方法，很多措施都源于人们对妄想的看法，即妄想究竟是什么。大约200年前，在精神病学开始成为独立的专业领域时，一个观点占了上风，即妄想是一个对现实根本错误的认识①。我们已经知道，虽然这个因素起了

---

① 米歇尔·福柯（Michel Foucault）2015年出版的《精神病学的权力》（Le Pouvoir psychiatrique: Cours au Collège de France, 1973-1974）一书中引用了菲利普·皮内尔（Philippe Pinel）和梅森·考克斯（Mason Cox）的案例研究，福柯在他的社会逻辑分析中去研究精神病人的错觉，他认为，精神病学是对不受欢迎的人进行统治的工具。在我看来，如今很多国家为帮助精神病人付出了努力，所以这种观点在意识形态上是片面的、不公正的。

作用，但它不是妄想性经验的核心。

法国精神病学家菲利普·皮内尔（Philippe Pinel），出生于1745年，去世于1826年。在那个时代，有特殊行为障碍的人经常被关在地牢里，远离社会和其他人。皮内尔将病人从枷锁中解放了出来，他因此而闻名。他和学生埃斯基洛（Jean-Étienne Esquirol）都是19世纪非常重要的精神病学家。在他管辖的区域，那些之前被关在监狱的人第一次被视作病人并得到治疗，皮内尔于1792年成为比塞特（Bicêtre）精神病院的院长，后来又成为萨尔佩特里埃（Salpetrière）医院新成立的精神病部门的主治医师。"皮内尔将病人从枷锁中解放出来"，看起来很容易，但事情的发展并不像这句著名的格言那样令人振奋。诸如紧身衣甚至冲凉水等物理限制的方法，仍在治疗中发挥着重要作用，让病人融入社会也不是主要目标之一。尽管如此，皮内尔在他的那个时代也算得上是一位备受尊敬的精神病学家。后来，他成为皇家顾问医生、科学院院士，并在1804年成为了荣誉军团骑士。

1800年，有一名牧师报告说，他暂时治愈了一个病人，让他摆脱了错误的想法——这种方式在今天看来很有趣。病人是一个日工，在大革命时期，他在公开场合发表了一些对路易十六审判和谴责的轻率言论，因此被列为疑似精神病患者。虽然只是有人提出了指控和威胁，而且都是模糊的，没有产生任何的后果，但他的反应有些过度了，回家后他"颤抖着，极度不安，失去了所有的睡眠和食欲"，恐惧一直在增加，最后他确信自己"注定要作为祭品死去"。后来，他被送入比塞特精神病院，被诊断出患有精神病。起初，他的医生采用了当时久经实验的治疗方法：工作，让他做裁缝的活计。通过劳动中有意义的活动，他的病情完全好转，因此能够"没有失常，没有不幸"地在诊所生活六个月。然而，六个月后，他又出现了受迫害的想法，带着这样的想法，他仍待在监狱的小房子里，除了等待死刑判决，别无他法。

精神病院的看守被告知，立法议会的委员会将前往诊所，皮内尔随后有了一个令人惊讶的想法，"对该公民进行必要的司法调查，如果发现他是无辜的，就赦免他"。因此，这位著名的医生伪造了一次法院听证会，在听证会上对病人进行裁决。"我和三位年轻的医生一起安排这次听证会，让那个外表最严肃、最威严的人做主角。这些身着黑衣、外表看上去很有权力的委员，围着一张桌子坐下来。"然后，他们把病人请进来，询问他们。"被告"坦白了他所说所做的一切，并大声地"要求对他进行最后的裁决"。"为了更有力地动摇他的想象力"，委员会主席随后宣布了判决：无罪！

起初一切都很顺利，病人平静下来，又变得生机勃勃，"在精神失常的病人的心目中"，对虚构审判的印象一直很深刻。起初，人们认为只有通过持续和定期的体力劳动才能巩固治疗的成功，但他很快又变回了以往的无所事事，妄想的想法就又出现了。什么地方出了问题？皮内尔是这样解释的："无所事事的话，以前妄想症的痕迹会很快恢复，而以国民议会的名义宣布通过的判决，是一种玩笑似的轻率行为，会加剧其症状。"有人说漏了嘴，把这件事泄露了出去，现在皮内尔很清楚地判断："从那时起，我认为他的病情将无法治愈。"

第二个例子引用自梅森·考克斯，他在几年后报告了一种与皮内尔的方法类似的治疗方法，并在一个病人身上得到了良好的效果。病人是一位40岁的商人，"他性情忧郁……，过度紧张于自己庞大的商业业务，这损害了他的健康"。所以，病人患了抑郁症，还感到身体不舒服。然后，他犯了一个错误，现代人很难想到这个错误的形式：随着病情的加重，"他听信庸医的引诱，阅读各种荒谬但流行的医药著作，很快就被带到了那个地步——相信自己浑身是病"。列举在他身上试过的药方清单，我们可以看到200年前的治疗方案：药丸、药水、药粉、药膏、洗涤剂、珀金斯（Elisha Perkins）的金属棒①。后来，他和他的朋友们知悉了，所有这些，特别是用金属棒表演的戏法，"比生锈的钉子"更没用。但是在此期间，病人越来越担忧，同时陷入一种严重的恐惧中，"他没有任何理由可以逃离"，这是一种焦虑的疑病妄想症，他认为所有的痛苦都是因为疥疮。经过医生们"正式的磋

---

① 在18世纪的最后几年，珀金斯为自己发明的医疗器械申请了专利，称之为"珀金斯牵引器"。尽管他保证它们是由特殊材料制成的，但只是普通的金属棒而已。他用棒头去接触病人疼痛的患处，并以良好的治疗效果获得了一定的声誉。他不仅声名鹊起，还因向患者收取巨额治疗费用而积攒了可观的财富。在此之前，他的同事很怀疑并表示，其他仪器具有相同的效果。这便是安慰剂效应的第一个证据。

商"，他们提出了一个想法，这个想法和皮内尔的治疗法有相似之处。他们不再劝说病人放弃自己的想法，而是以一种自相矛盾的干预方式，来加剧他的恐惧——他真的得了疥疮，现在必须想出治疗的办法。"我们时不时用一种药在他身体各个部位频繁地引起皮疹。但是，这种皮疹可以用某种简单的药物制剂洗掉。这个游戏持续了几个星期，最后病人完全康复了。"

在精神病学的历史上，有很多尝试治疗妄想症的例子，它们现在看起来往往很荒诞，甚至是不人道的，但我们仍需小心评价，因为那时提出并应用于病人的方法是基于那时对妄想的认知水平。人们不该那么天真地认为，它的发展是为了帮助人们，将他们从对现实奇怪的想法中解放出来，引导他们回到由自我决定的生活中去。如今，精神病学会根据不断提升的知识水平，正在以同样的意图使用新的方法。

但对于妄想症的具体治疗方法，只有少数的建议。治疗方法通常依病症而定，或者更准确地说，依综合征而定。例如，治疗偏执性幻觉综合征的指南，这种综合征是一种疾病的状态，其中妄想和幻觉是突出的症状，就像我们上文所提的四位患者的情况一样。这样的症状也可能出现在精神分裂症患者身上，也可能出现在患抑郁症或其他疾病的患者身上[①]。

从莱昂哈特女士和其他病人的案例中，我们看到了，疾病的

---

① 例如，在描述现代疗法时，我将其当作当前偏执幻觉精神分裂症的治疗指南。

发展分为不同阶段。萨宾·莱昂哈特是因为急性症状而入院的，当她后来在病房里安定下来，药物也能起作用时，妄想开始动摇，现实又慢慢占据上风。她花了一段时间，才稳定地远离了妄想，能够再次理解他人对现实的看法。即使出院了，大多数人仍然需要护理，虽然症状已经消失，病情得到了缓解，但不确定感依旧存在，所以必须先消化令人深感不安的疾病体验——不仅是病人自己，通常还有他们的亲属。如果根据指南，将这三个阶段分为急性期、稳固期和康复期，那么根据病人所处的阶段，则需要采取不同的治疗措施。

在急性期，对于所报告的所有四名患者，我首先要获得他们的信任。如果没有成功建立治疗关系，病人就不会向我敞开心扉，我也很难去研究他们的病情，根据症状对他们开展治疗。对托比亚斯·恩斯特的治疗并不容易，他住院的最初几天一直不信任我，传教的任务这个要素发挥了作用。当然，这个做法也发挥了作用：我不断向他表示，就像对其他病人一样，我想理解他们身上究竟发生了什么。好奇心是让对方感兴趣的一种方式，在精神病学中是一个用来克服不信任的好手段。急性期治疗的目标之一，当然是减少急性的症状。最初的症状主要是有攻击性和自杀的念头，从萨宾·莱昂哈特的案例中，我们看到了妄想症的急性期是多么危险，而塔玛拉·格伦费尔德反复出现自杀的想法，尽管一开始她能很好地抵抗，走出这个生死攸关的危险区，这是治疗初期应考虑的。在进行急性治疗第一步的同时，应该反复告知患者正在做什么，以及未来几天的计划。此外，必须向他们解释疾病和治疗的观点，如果他们同意，也要向他们的亲属解释——不是简单地告知，而是劝说。莱昂哈特夫人必须理解，为什么是她应该服药而不是她"被替换"的丈夫，从一开始就要接受这一点。因妄想而造成社会危害的情况并不少见，我曾多次治疗那些在妄想的急性期与伴侣分离的病人。疾病给他们带来的社会后果有：把房子或汽车送人，签订不合理的合同，在赌场或证券交易所赌掉家产，等等。为了尽可能地纠正这些损害，有必要让此类社会问题的专家尽可能迅速地开展工作。对精神病的治疗可能会涉及和律师合作，与银行或合同伙伴进行谈话，比较有用的是亲属的帮助。精神疾病涉及三个方面：生物、心理和社会层面，因此，治疗也必须以这三个方面为导向。

在急性期之后，治疗工作的方向是更大程度地稳定病情。

在急性期已经建立起的信心，现在必须对它加以巩固。对妄想的确定慢慢消解，不确定性开始占据上风："莫非吕迪格和梅兰妮真的是我的亲人，他们没有被调包？"在这个怀疑阶段，必须和病人保持密切联系，加深对疾病的解释，通过这种方式，病人获得了解释病症的反模型。他们明白，对现实的妄想观点只是自己解释现象的一种方式，还存在其他的理解方式。在稳固期，让他们接受现实变得越来越重要。为了安全起见，我们要求她的丈夫暂时不要去看她，但在稳定阶段，让她与丈夫和女儿重新见面，成为一种越来越重要的治疗因素。当回归现实的过程得到了巩固，并且远离了妄想体验时，病人就会越来越积极地接受治疗。他们学会了注意病症的早期迹象，并且掌握了应用保护机制。例如，他们练习放松技巧和其他减轻压力的辅助手段，恢复和其他人的联系——亲戚、朋友，甚至是邻居。在稳定阶段，这种压力测试对最后克服疾病具有非常重要的意义。只有当汉斯·陶伯特在一个周末再次和他的父母共度一天一夜时，他才能知道自己如何承受与父母交谈的社会压力；而只有当他和那些对他来说意味着是妄想信号的刺激产生争执时，他才能够确定新的现实观是否足够稳定，让他能应对出院后的生活。经历压力测试之后，病情总会复发，再次回到急性期，病人由此重新踏上艰辛的道路。进展虽然像蜗牛爬行，但也是治疗的进步。

当病人能够再次承受外界的压力，出院后，在康复期通常还会持续几个月或几年的门诊治疗。汉斯·陶伯特和托比亚斯·恩斯特结束住院治疗后，都会定期预约诊所的精神科医生治疗。医生会在治疗期间进行检测，关注可能出现复发的早期症状。萨宾·莱昂哈特在出院后甚至继续服药一年，并在此期间继续门诊治疗。

这是对有妄想和幻觉的病人进行治疗的一般原则。除此之外，对妄想的具体治疗，还取决于它的病因模型。我们已经知道，妄想是由不同的原因引发的。因此，诊断总是从寻找熟悉的病因开始。影像学诊断可以帮助排除循环系统紊乱或脑退化作为妄想的可能病因，还可以提取血样以排除炎症或代谢原因。例如，详细的神经系统检查可以判断是否患有帕金森，详细的病史可以了解是否使用了药物，有时候改变帕金森病药物的剂量，或停用耐受性差的药物，就可以终止妄想。如果可以排除此类可识别的病因，那么妄想很可能是发生在精神疾病的框架内，我们也可以试图从这个角度找出对应各自模型的病因，然后设计治疗策略。

在现如今精神病学的背景下，对妄想的治疗（至少在急性期）主要是以生物学模型为导向。也就是说，服药治疗是非常重要的。前面已经提到，神经递质多巴胺在妄想症的发展中起着至关重要的作用，因此，影响多巴胺代谢的药物，是当今治疗妄想和幻觉的首选药物①。在萨宾·莱昂哈特的案例中，除了精神病的症状，还伴有强烈的抑郁症状，因此在抗精神病的药物之外，我还给她服用了抗抑郁的药物②。在所有接受这种治疗的病人中，大约有70%到80%的病人在几周后症状会减轻，然后消失。

在急性期，如前所述，药物治疗是主要的治疗手段。但之后，心理治疗的作用会越来越大，一方面是让病人进行药物治

---

① 　在选择抗精神病药时，须考虑许多方面（可能的正面或负面的既往经历、并发症等等）。效果和可能的副作用监测、使用的剂量和持续时间（通常数月至数年），也需要特殊技能。

② 　特别是有幻觉和妄想且情绪激动的患者，偶尔应使用苯二氮卓类药物使他们平静下来。它们通常有良好的耐受性，但如果在较长时间内给药，则有可能产生依赖性。因此，必须及时限制它们的使用。

疗，攻击其对妄想性信念的确定性；另一方面是让病人进行心理治疗，让他们面对适应现实的真实观念。这两方面是治疗的两个组成部分，它们互相支持。每种心理治疗方法都主要是和妄想现象进行争执，例如，行为疗法的目的是让病人的妄想信念接受现实的检验，然后对他们进行相应的纠正，使病人重获对现实的感知。简单点的描述是："治疗师聊起墙上的幻想、魔鬼、假想出的敌人以及散热器里神秘的声音，直到病人不再恐惧它们，并重获对现实的感知。"我们也鼓励病人在社交场合对事件做现实的解释，例如让萨宾·莱昂哈特越来越频繁地与丈夫见面。

另一方面，深度心理学理论试图移除基本心理创伤这种假设①，尚未解决的冲突被翻开，随后再在心理治疗中被解决。弗洛伊德的假设构成了这种治疗模式的前提，即妄想是基于内在心理的需要。妄想并不简单地被视为一种精神错乱的疾病，而是一种解决内在心理冲突的尝试，尽管它没有成功。在治疗中试图对潜在的冲突进行分析，并与病人一起制定出更有意义的解决冲突的方案，而不是把它当作功能失调的妄想进行处理。今天，这种心理动力学疗法虽然在妄想症治疗的急性阶段几乎没有任何作用，但在长期治疗中变得越来越重要。

现有一种新的治疗方法，它是基于不同的功能失调的思维

---

① 深度心理学、心理动力学或精神分析，它们之间仅有与方法相关的细微差异。在如今的心理治疗实践中，它们在很大程度上被视作同义词。

方式制定的，如妄下结论或预测错误最小化。这就是所谓的妄想症的元认知训练（MCT）。在一组治疗中，和病人讨论思维方式的各种错误可能，如妄下结论。该疗法试图将思维方式训练得更灵活，学会从不同的角度看问题，从而动摇病人认知的不可纠正性。了解认知偏差和进行选择训练会促进病人纠正妄想。一些研究显示，MCT对妄想症患者有很好的效果，据说甚至对易患妄想症的高风险人群也有着预防作用。

# 恢复健康

就像命中注定的意外一般，精神病常常突然闯入病人的生活，让他们措手不及。但有时候，病人也会缓慢而不动声色地恢复健康，莱昂哈特一家的情况就是如此。这个故事不仅描述了萨宾·莱昂哈特患上卡普格拉综合征，不得不慢慢地远离妄想，还记录了这种疾病如何影响整个家庭。因为即使已经战胜了疾病，病人还是会复发。当妻子做了一些出乎意料的事或说了一些奇怪的话时，人们要怀疑吗？这些是复发的迹象吗？作为家里的一分子，当妻子已经从根本上质疑共同的生活，且正处于伤害丈夫和孩子的边缘，这该如何处理呢？他们都曾望向深渊，不可能简单地忘记这些经历。

危险已一步一步地离开正常的生活，但留下了对家人和爱人可能复发的不安和以往的回忆。这样的习惯使他们在日常生活中产生了隔阂，这种隔阂会占据他们的生活。一个人的惊恐和不信任，会给另一个人带来伤害，所以在此之前应该克服所有麻烦，虽然这并不总是很顺利，就像莱昂哈特一家一样。

一个偶然的机会，在萨宾和吕迪格·莱昂哈特离开医院16年后，我再次见到他们。因为他74岁的母亲出现了痴呆症的早期迹象，这对夫妇把她带到我们的诊所进行诊断。起初，我没有认出他们。但萨宾·莱昂哈特大方地向我走来，亲切地说道："你还记得我吗？16年前我曾因妄想症在你的诊所接受过治疗，我曾以为吕迪格是个替身。"

当我听到"替身"这个词时，我就想起了治疗莱昂哈特夫人的过程。她是我多年来治疗过的唯一一位卡普格拉综合征患者。

"啊，是你们，我记得。你现在怎么样了？"

"嗯，我们好极了，但我们很担心我婆婆，除此之外，我们过得很好。"

莱昂哈特夫人温情地挽着丈夫的胳膊，与他们当时来诊所时完全不同。

在婆婆检查的时候，我有机会和这对夫妇聊聊。萨宾·莱昂哈特出院后又在门诊治疗了两年，继续服药一年。她的身体越来越好，能很好地照顾女儿梅兰妮。梅兰妮也成长得很好，在她2岁的时候，萨宾·莱昂哈特恢复了学校的工作，将工作量减少到50%，这样就能多陪伴女儿。事实上，他们曾想过生二胎，但经历了这些之后，他们打消了这个念头。精神科医生也向他们说明，怀孕和分娩会增加妄想症复发的风险。他们不愿再冒这个险，有梅兰妮，他们就很幸福。

"弗雷格利综合征除了偶尔发作的青春型，实际上也是可以治疗的吗？"莱昂哈特夫人笑着问。

"如果我有治疗的方法……但青春型也是处在一个重要的发展阶段。有时候，过于困难的处境，也有好的解决办法。"

"你的情况如何？"我转而去问她的丈夫。

"一开始并不容易，"吕迪格·莱昂哈特回答说，"起初萨宾也不太稳定，但实际上我们甚至不知道稳定是怎么样的，一切都像陷入了漩涡。"

她补充说："他几乎比我还谨慎，经常观察我的反应，我说的话，我有什么计划。这让我时不时地感到恼火，但我也理解，我不知道我到底能在多大程度上相信自己。一开始，我们一次又一次地谈论这个问题，这让我多了一些安全感。然后我又开始工作，有任务要做，一些都像尘埃落定了。现在晚餐烧焦了的话，他都不会再认为是我想用它来杀死替身了。"

现在看到他们都在笑，这很好。

"再回到诊所，我们感觉很奇怪。"他过了一会儿说，"但我注意到，萨宾一点也不害怕了，毕竟，我们都已经知道母亲发生了什么事。我们当然很担心她，但现在和当年已经不同了，我明白发生了什么，那时候的情况很不一样，当时我非常茫然。我母亲已经74岁了，所以如果是痴呆症，我们应该可以应付。"

"我们已经成功战胜了病魔。"莱昂哈特夫人说。

我也这么认为。

"经历过这样的危机之后，你们过得这么好，我很高兴，也祝愿你的母亲和婆婆能得到最好的积极结果。"

她笑着问："你对梅兰妮的青春期有什么建议？"

"会平安度过的，如果没有，那你就16年后再来……"

就这样，我和他们二人告别了。

作为一名医生，尽管我们有同情心，也应学会和他人的命运保持距离，因为我们还必须应对不同的情况，比如说病人的病情没有得到成功的治疗，恶化了。但当我再次见到健康的莱昂哈特一家的那天，尽管我们要保持一定的距离，我也感觉特别好。

# 什么是妄想？这是妄想吗？

我们在这四个病人身上已经学到了很多，在这个过程中，我们看到了多舛的命运，也聆听了迷人但荒谬的故事。我曾经想写一本娱乐性的书，希望通过这种方式，让更多人了解书里介绍的精神疾病。也许这么一来，人们能够加深对精神疾病的了解。这也是该书的目的之一。如果你在之前就知道，**我们每个人身上都有这种疯狂**，也许你就不会看这本书了，所以我特意把这一点留到最后再说。但我可以肯定地告诉你，没有必要害怕这种疯狂，因为我们身上有许多强大的健康机制，虽然每个人都有可能会出现感官欺骗和妄想的世界观，但却是受到抑制的，我们体内也有对这种疯狂的保护。

但是，我希望我们能更理解那些患上这种病的病人，虽然我对病人的故事进行了改编，让他们无法被辨认出来，但我并没有虚构创作。这不是一部小说，一切都是我和病人一起经历的细节，而且没有任何夸大，相反，病人真实的妄想经历往往比描述的更加劲爆，比爱上魔鬼的女儿更多姿多彩。但我不是要耸人听闻，而是要向你们介绍一些关于妄想的知识。这也是对一切可能性的惊叹，请允许我用一个有点庄重的词：这也是对我们身上的保护机制谦卑的感激，这些保护机制可以阻止疯狂的事情发生。也许，你在读的时候也曾被逗笑过，当我听到妄想症患者想象力丰富的故事时，我常常会这样做——毕竟这绝不是嘲笑。疾病的严重性在于，这些故事会决定病人生活的意义。

但我们不仅听了病人的故事，还了解了很多关于妄想这种精神病理现象的情况。因此，在这本书的最后，也请允许我对书中开头提到的专业问题做一个小的总结。

有一些书籍和文章的标题是：**什么是妄想？**本章的标题也表明了，不太可能真的有一个妄想。病因、病情经过、有效（或无效）的治疗方法，以及最后的结果，这些都不同。众所周知，发烧、炎症，例如梅毒的病原体（弗里德里希·尼采可能的病因）、大脑的损伤或退化、循环系统紊乱、代谢紊乱，最后还有精神疾病中不明确的机制，都可以引发妄想。就我向你们介绍的这四位病人而言，治疗的结果也大不相同。

塔玛拉·格伦费尔德病情最严重，非常不幸，她自杀了，因为刺激和妄想并没有消失。

汉斯·陶伯特虽然摆脱了妄想，但他仍然独来独往，他周围的人依然觉得他是个怪人。

托比亚斯·恩斯特的急性病被治愈了，但要完全康复需要一个阶段性的过程，他很可能在接受我们治疗后的几年里，又复发新的急性期。

萨宾·莱昂哈特完全摆脱了疾病，急性期并没有破坏她的生活①。虽然大脑的损害和病程都不相同，但在急性期还是出现了相对统一的临床表现，这让我想起卡尔·邦霍夫的一个想法。

卡尔·邦霍夫（Karl Bonhoeffer）是柏林大学的精神病学和神经病学教授，也是著名的夏里特医院的院长。1868年，他出生于符腾堡州的内雷斯海姆。他不但自己在精神病学和神经病学方面取得了伟大的科学成就，他的儿子也声名赫赫。他的两个儿子和两个女婿都被纳粹杀害，其中最著名的是新教神学家迪特里希·邦霍夫（Dietrich Bonhoeffer），他的命运十分坎坷。作为抵抗战士的一员，他于1945年在弗洛森布格集中营被杀害。卡尔·邦霍夫对纳粹态度的评价在历史学家中是有争议的。一方面，他写了许多关于强制对精神病患者进行绝育的意见，在那个时代，夏里特医院是撰写此类专家意见的中心之一。他没有无条件地支持纳粹安乐死计划，这个计划旨在谋杀精神病人，但也没

---

① 在2004年的一项研究中，专家检查了妄想随着时间推移的稳定性，并在这里发现了很大的差异。大量患者（1136名患者）在出院一年后每10周接受一次检查。大约三分之一的受检者在后续检查中至少查出一次妄想的状况。在不同的时间段内，许多患者的妄想主题也发生了变化。

有在公开场合积极有力地批评它。尽管专家意见被当作命令得到了执行，而且根据建议进行绝育手术的比例也很高，但在他的私人咨询时间里，并没有出现要进行绝育手术的病人的正式报告。在他经营的诊所里，情况却有所不同。精神病诊所的主任有责任提出这样的报告，各诊所的负责人也以不同的方式遵守了这一规定。少数人拒绝了，许多人回避、拖延时间，但有些人却匆匆忙忙地顺从了。关于遗传的想法，邦霍夫和其他许多精神病学家一样，都受到了科学潮流的影响①。1948年，卡尔·邦霍夫在柏林去世。

1917年，他发表了一个有趣的想法，描述了自己提出的急性外源性反应类型。因此他可以为这个观察命名：大脑对极其不同、严重、急性来自外部的破坏性影响的回应，总是相同或者类似的。除此之外，他还描述了混乱、迷失方向、知觉和意识障碍的情况②。

也许妄想症也像大脑一样，对破坏性影响有统一的反应。

———————

① 关于精神病学家与时代精神的相互影响，赫尔姆琴强调，这确实是一种相互影响，也就是说，在时代潮流面前，人并不只是无能为力的。相反，个人——尤其是有影响力的人，如卡尔·邦霍夫，他们可以影响时代潮流："因此，每个人的行动也可以影响主流意见，即时代潮流。"

② 他写道："谵妄、昏迷、恐惧的癫痫症、昏暗特征、痴呆和失忆综合征。"然而，即使在他的那个时代，这个概念也是有争议的。他在1917年的出版物中回应了这些批评意见。作品的最后一句话是："许多问题在这里仍未解决，但对于我来说是毫无疑问的。"

因此，各种具有破坏性的、潜在的因素不会影响意识、方向、知觉、思维或判断，而是影响我们对周围发生事情的解释能力，大脑抑制和对刺激进行优先处理的能力也会受到损害，由此产生的妄想就像不同的有害物质影响最后产生的共同后果，由不同因素触发的临床表现是如此相似，以至于我们可以用统一的术语"妄想"来概括它。而且，因为它们的症状表现相对一致，专家也可以高度准确地诊断它。

卡尔·雅斯贝尔斯提出的诊断妄想的标准，即主观的现实观念，其特点为教条式的、先验的自明性，仍被认为是识别妄想的标志。病人无法进行所谓的过渡，因为他们对世界和现象的概念与集体的共识、信仰和意见相对立，这是致命的，他们会被社会所孤立。强调个别的标准特别重要、是核心，似乎没有意义。不如说正是这些特征的模式构成了妄想，形成了典型的临床表现。在雅斯贝尔斯建立的标准的意义上，海因茨·海夫纳恰当地总结了精神分裂症中妄想经验的核心："在现代观点中，妄想是将感知、突然产生的念头和记忆连接到一个经验的背景中，这个背景已经脱离了自然经验的必然性，但因其存在的必要性而必须维持。它不是凭空落在一个人身上，而从根本上来说，它是一种在已变的经验范式下的特定经历联系的延续。"在妄想发展的开头和结尾，当妄想解体时，先验的自明性和教条般的信念也会瓦解，怀疑悄悄地渗入了迄今为止坚信不疑的信仰中，但在妄想的全貌中，构成妄想的是上述标准的相互作用。

然而，仅通过对临床情况的描述，我们并不能完全了解导致主观的现实观念与特有的坚定信念产生的机制。我们从上文已经知道了玻璃球实验的发现：有妄想症的人会比健康的人更早地从现有证据中得出结论，他们能更快地对一件事进行解释。这可能是因为害怕不确定性的影响，它被一种虽然是妄想，但至少是可靠的信念给补偿了。对受影响的人来说，仅是怀疑有威胁性的事物，显然比去理解它更加糟糕，即使它是妄想。在这方面，妄想可以理解为逃避现实中体验到的极端紧张，而进入到有较少紧张的幻想领域。

一些调查结果还表明，妄想症患者在评估未来事件时，避害能力会受到损害，这一现象在上文讲述预测误差最小化的概念时已经解释过，它也可能为妄想未来的研究带来重要的观点。此外，虽然不是强制性的，但所谓的过滤性障碍也常被提到，大脑抑制刺激的能力受到损害，在这些因素的相互作用中，可以找到对妄想症症状特征产生的解释。因为太多的刺激因素同时生效，使得不祥的预感产生了，情景因素、个性特征以及遗传方面可能都有影响，而过快地对发生的事下定义而获得确定性，可以减轻这种情况下的迫在眉睫的恐惧。从这种确定性中得出的对未来事件的预期，不能再与实际发生的事情进行比较，甚至不能和正常人的概率评估进行比较，因为他们已经丧失了去比较自己的期望和所做的解释的能力。

除了基本的心理学实验，成像技术也对进一步揭露这种个体机制有贡献。大脑如何履行其作为刺激抑制器官的功能，大脑的哪些区域参与到了妄下结论和预测误差最小化机制的障碍之中，以及它们如何相互作用？这些问题我们能够在将来通过成像技术更好地研究，但不能忘记，此处讨论的仅是大脑参与的机制，我们不能从大脑的部分功能中就得出对妄想的整体理解。我们不能把妄想简化为一种脑回路的疾病，尽管大脑的确参与其中。因其复杂的因果关系，妄想不仅干扰人的体验，而且会干扰病人的整个生活——不仅是身体方面，人际关系方面也受到了影响，这个说法是有道理的，如果不考虑病人因妄想而与社会环境的脱离，就不能完全理解妄想。

妄想症可能的、有意义的治疗，要源于对病因的了解。到目前为止，在治疗精神病方面，我们只有一般的经验，即用药物能大致调节大脑中神经递质的平衡。由于这些神经递质与妄想的发展有关，抗精神病药物对许多妄想症患者的效果非常好，可以抑制幻觉，使妄想消失。但只有将药物治疗合理地嵌入到心理和社会治疗中，才会成功。其中，首先应与病人建立一种互相信任的治疗关系，随着对妄想症所涉及的功能障碍的了解越来越多，将来也有可能开发出更有针对性的心理治疗方法。个性化的元认知疗法就是这样一个例子。它提供了治疗的第一批方法，是基于对妄想机制的具体认识，在各种研究中已经显示出了良好的效果。

最后的问题是，将妄想理解为一种维度或分类的现象是不是更好？是否存在一种世界观，是沿着一条线排列的，从理性科学的思维方式通往离经叛道的思维方式，充满深奥古怪的想法，最终到达相当疯狂的地步。那么，是否存在这样的一条线？沿着这条线路，不知何时，妄想的临床表现就产生了，可以这样理解吗？还是要把妄想理解为一个不同于健康范畴的类别？妄想的和健康的经验之间有如此根本性的不同，以至于人们可以清楚地区分健康的经验和妄想，尽管在个别情况下或者在两者的界限上可能有种种困难。我已经针对这个问题描述了一些例子，这些例子证明，在可明确诊断的妄想之外，还存在着巨大的疯狂。我们甚至必须假设，基于现象的理性评估以及它们对我们生活意义的中肯评价，这种思想是一种相当罕见的现象。此外，由于文化的特殊性，我们也要谨慎。其实，最重要的是，要尊重我们知道的事实。但正如所描述的那样，了解妄想不仅要关注其不寻常的观点，更重要的是如何持有这些观点的方式，以及它们如何将病人与团体中的其他人隔离开来。在一切皆有可能的意义上，完全的相对主义也是不合适的。因为这对相关病人来说是不公平的，有些人在成功治疗后，往往很高兴能回到现实中来，能摆脱妄想和幻觉。尽管如此，将理性、健康的经验和妄想明确地分开，也是不太可能的。因此，妄想被理解为一种维度现象，这可能是最好的①。从理性到不合理的再到妄想的信念，在这条线的某一点上，跨越了某个门槛，就像传说中压垮骆驼的那根稻草，在这之后，

---

① 此外，研究表明，在非妄想症人群中可以检测到偏执想法和不同程度的妄下结论。

妄想就可以被描述为一种临床现象。

我们都从梦中感受过类似妄想的状态，由此可以知道，当大脑抑制刺激的功能和现实评估功能受损或完全丧失时，会发生什么奇妙的事情。每个人都有妄想症，疯狂就住在我们体内，但大自然赋予我们良好的保护机制，不给疯狂留下太多的空间。但是，当我们知道我们自己与塔玛拉·格伦费尔德、汉斯·陶伯特、托比亚斯·恩斯特和萨宾·莱昂哈特这些人有相似之处时，我们会感激他们，因为从他们的命运中，我们可以了解一些关于自身的情况。

# 致　谢

在生活中，我希望自己能继续从他人身上学习——我的父母、家人、朋友，以及我的病人。如果仅把学习理解为知识的传递，那么还必须提到许多的作者，他们的书籍、作品对我产生了很大的影响。但学习不仅仅是知识的传递，它还是人际关系的指导，如果可以的话，也可以是教育；无论如何，在这本书里不仅知识很重要，人际间的"榜样"同样重要。

从这个意义上说，我想代表所有的教师，把这本书献给以教师为职业的五个人，他们对我的成长产生了重要影响，他们是格尔德·斯坦布林克（Gerd Steinbrinker）、海因茨·托赫特（Heinz Teuchert）教授博士、玛丽塔·博登森（Marita Bodenson）博士、埃德曼·费恩德里希（Erdmann Fähndrich）教授博士和汉弗里德·赫尔姆钦（HanfriedHelmchen）教授博士。

我非常感谢他们，同时也感谢所有曾教导过我的人，同样还有我的朋友们，他们通读了手稿，给了我宝贵的建议，或以其他方式一直在支持我的项目。

特别感谢罗尔夫-迪特·斯蒂格利茨（Rolf-Dieter Stieglitz）教授博士、彼得·沙伯（Peter Schaber）教授博士和哈乔·欣里森（Hajo Hinrichsen）教授博士。

书中的任何错误我都会负全责，像往常一样。

非常感谢我的编辑斯蒂芬·博尔曼（Stefan Bollmann），他自己也是一个作者，花了很多时间来讨论我的文本，编辑工作使这本书有了很大的改进。

我还要感谢出版商C. H. Beck为我提供出版新书的机会。

最后，我要一如既往地感谢我的妻子和三个女儿。